創造と進化

オンウェー25年の軌跡から概観する
日本のアウトドアファニチャー

泉 里志

ONWAY 25 YEARS
Creation and Evolution

25-year History of Onway and
the History of Outdoor Furniture in Japan

Contents

Introduction

オンウェー25年に寄せて

島崎 信

オンウェーという企業を立ち上げ、育ててきた泉里志さんとは長い付き合いになりますが、長年国内外のファニチャーデザインに深く関わってきた私にとって、泉さんの考え方、仕事の進め方は大いに共感を覚え、また尊敬を抱くところでもあります。

まず、一企業人としての状況分析に留まらず、時代の推移に伴う社会の変化や市場の動き、アウトドア業界や消費者の動向を的確に見ている。これほど広い視野と客観的な視点を持つ業界人は、なかなかいるものではありません。そうした意味から本書は、社史の域を超えた記録性、資料的価値を持った一冊と言えるでしょう。

さらにその上で、泉さんは、折りたたみ家具やアウトドア用品について、「どういうものが必要であるか」を常に使う側の視点で考え、考案する。デザイナーや技術者に投げるのではなく、自ら１／10、１／５のスケールモデルを作り、構造を検証する。美意識も技術的な知識も、さらに企業家としての感覚も、全て泉さんという人の中で一体化しているのです。創意から市場までの知識を一身に兼ね備えた、まさにジーニアスと呼びたい才能です。

私自身、武蔵野美術大学で「折りたたみ椅子」のデザインをテーマに学生を指導していた経験からも実感していますが、折りたたみ家具の制作は、決してイメージだけでできることではありません。「動き」が伴う道具である以上、実際にたためるか、広げられるか、また使用に耐える強度があるか、厳しい条件が求められます。モデルで確認、検証してなお修正を繰り返し、いかに機能を最大化するか、その先には製造コストをどうするかなどビジネス上の課題も待ち受けています。泉さんの場合、アーティストの視点と技術者の視点を同時に持ち、常に機能美を追求しています。そしてさらに快適性も追求している。例えば折りたたみ椅子では犠牲になりがちな「座り心地」も決しておろそかにはしません。

また一方で、経営者としても泉さんは稀有な存在といえるでしょう。ある時、低価格で大幅な増産、販売が確実に見込まれるオファーがあったそうですが、それを断ったというのです。ほとんどの経営者はオファーを受け、喜んで工場拡大するでしょう。しかしひとたび工場を拡大すれば、いずれ低価格で大量生産という方向に流れかねない。そうなった時、製品の質を保つのは難しくなるかもしれない。泉さんはそこで立ち止まり、会社を拡大するよりもオンウェー製品全体の価値を維持する決断をしたのです。素晴らしい判断だと思います。

そしてもう一つ、次世代の育成についても特筆すべきでしょう。オンウェー経営の一方で、泉さんは中国の名門美術大学で「折りたたみ家具」の講座を持ち、学生たちを指導しているのです。通常、学生たちのアイデアは斬新ではあっても、商品化は極めて難しい。キャリアのない学生にとっては、まず家具として実現可能なのか？という技術的な壁があり、試作品にこぎつけても商品化にはさらに高い壁が立ちはだかります。企業の専門家たちにいじくり回されて最初のアイデアがスポイルされてしまうことも珍しくない。しかし、泉さんは、学生たちのアイデアをどうしたら活かせるかを考えるのです。オンウェーの知識と経験、技術を惜しみなく注ぎ込んで商品化に結びつける。しかも商品を発案した学生本人と大学に対して正当なロイヤリティーを支払いもしています。学生には素晴らしいモチベーションとなるでしょう。

「企業は人なり」と言われますが、泉さんの人柄、ものづくりの哲学、知識と技術のいわば結晶が、オンウェーという企業でありブランドです。ビジネスとしての基盤を確立しながら、製品レベルを保つのは並大抵のことではありません。それを25年間、一人で道を作って来られたのです。

私の考えでは、今後、折りたたみ家具はアウトドアから家庭の中で、より使われるようになるでしょう。都市への人口集中がますます進み、都会の住居でコンパクトに暮らす人が増える。つまり、生活シーンに応じて開閉できる折りたたみ家具が使われるようになるのではと考えています。好まれる素材や色も変わってくるでしょうし、自然への憧憬から木製の折りたたみ家具がいっそう求められるようになるかもしれません。

来たる時代にも、守るべきクオリティは守りつつも、新素材や新発想を柔軟に取り入れ、創造性豊かなものづくりを続けるオンウェーには、大いに期待しています。そして泉さんには健康に気を配り、また25年後、オンウェー50年史をまとめていただきたいと願っています。

Makoto Shimazaki

武蔵野美術大学工芸工業デザイン科名誉教授。北欧建築デザイン協会理事、日本フィンランドデザイン協会理事長、（公財）鼓童文化財団特別顧問、有限会社島崎信事務所代表。2017年度日本・デンマーク国交樹立150周年親善大使。
東京都出身。東京藝術大学卒。デンマーク王立芸術アカデミー建築科修了。1956年東横百貨店（現東急百貨店）家具装飾課入社。58年JETRO海外デザイン研究員として日本人として初めてデンマーク王立芸術大学研究員となる。帰国後、国内外でインテリアやプロダクトのデザイン、プロジェクトに関わる傍ら、武蔵野美術大学工芸工業デザイン科で教鞭を執る。家具や生活用品に関するデザイン展覧会やセミナーを多数企画。北欧やデザイン関連の著作・監修作多数。特に折りたたみ家具は、最も力を注いでいるテーマの一つ。
著作では『一脚の椅子・その背景—モダンチェアはいかにして生まれたか』建築資料研究社刊、『デンマーク デザインの国—豊かな暮らしを創る人と造形』学芸出版社刊、『美しい椅子〈1〉～〈5〉』エイ出版社刊、『日本の椅子—モダンクラシックの椅子とデザイナー』『ノルウェーのデザイン—美しい風土と優れた家具・インテリア・グラフィックデザイン』『ウィンザーチェア大全』（共著）共に誠文堂新光社刊、『未来に通用する生き方』（共著）クロスメディア・パブリッシング刊他。

はじめに
Preface

オンウェーの歩みと
アウトドアファニチャーの日本史

オンウェーの歩みとアウトドアファニチャーの日本史

オンウェーがアウトドアファニチャーの世界に踏み出して25年。そのものづくりの道程をふり返る時、それは同時に、この四半世紀の日本のアウトドアファニチャー業界全体を見渡すことになる。その変遷は、一つの業界を超えた、この国のものづくりに特徴的な進化パターンと同期していることに気付かされるのだ。本書では、オンウェーという一企業の社史に留まらず、歩んできたフィールドそのものの変化にも視野を広げた考察をご紹介しようと思う。

ちなみに、一般に「アウトドアファニチャー」の定義には、パティオファニチャー、ガーデンファニチャー、そしてオートキャンプファニチャーが含まれるが、本書では、オンウェーが専門とするオートキャンプファニチャー（車で野外キャンプに出かける際の家具）を主題としている。

ものづくり日本の定石、リ・デザインと還流

近代日本の産業の歴史は、輸入国から輸出国への転身の歴史でもある。まず海外から先進的な製品を輸入することから始まり、国内でその技術を咀嚼、消化し、醸成して国産品を生み出し、やがてそれが世界に輸出され、いわば還流するというのが黄金パターン。日本のお家芸とも言えるだろう。例えばテレビ、ラジオなどの家電、カメラ、自動車などはその典型だ。

この還流は、ただ舶来品を模倣するのではなく、進化させた新たな形を提示することで可能になった。最も重要なのは、消化すること、そしてエッセンスを抽出すること。形状や技術だけでなく、コンセプトやアイデアも含めてである。精神的にも物質的にも新たなものを生み出すことが肝要なのだ。

アウトドアファニチャーにおいても、この黄金パターンは例外ではない。日本は今やアウトドアファニチャーの先進国とも言えるが、他の製品同様、かつて欧米か

らの輸入品が市場を席巻していた時代があった。例えば、野外に持ち運ぶ「折りたたみ椅子」がその典型だ。それを国内メーカーが、日本人の体格に合わせ、また狭い国土や生活空間、小さな車のラゲッジスペースに適するようリ・デザインしたのだ。アウトドアブームの需要に支えられ、改良、開発が活発に行われた結果、今、日本生まれのアウトドアファニチャーは、当たり前のように欧米の市場で売られ、人々に愛用されている。

もう一つの還流

日本国内のアウトドアファニチャーが進化する中で、世界的にも稀な日本独特のアウトドアレジャーの文化も生まれた。独特といっても、両親と子供たち、多くの場合四人家族をアウトドアの主役とするレジャースタイルのことで、日本人には当たり前に思えても、実は大人だけで遊ぶことも多い欧米のレジャースタイルとは異なっている。家族単位で行動するアジア人の、アジア人による、アジア的な遊び方とも言えるだろう。

20年余りの醸成期を経て、日本の「ファミリーを中心とするオートキャンプのスタイル」は日本で定着し、そしてアジア諸国に拡散している。日本オートキャンプ協会に加盟しているキャンプ場の18%では、外国人客が増えたという。日本のキャンプスタイルのアジアにおける影響の一端を垣間見ることができる。

また、国内ではあまり言及されないが、日本のオートキャンプスタイルは、2014年から韓国で、2016年からは台湾で起きたアウトドアブームの起爆剤にもなり、ブームを牽引したと見ることもできるのだ。そして、2019年は中国においてオートキャンプ元年とも言われ、キャンプ人口が急激に増えている。キャンパーたちが使う道具やレジャースタイルは日本とほぼ同調しているのだ。さらに2019年には、日本のアウトドアブランドの代表格であるスノーピークがアメリカのポートランドに拠点を設け、本格的にアメリカ市場に進出。日本のキャンプスタイルをアメリカで広めようと動き出している。

北京、杭州でのアウトドアイベント風景。道具は日本のブランド、遊び方も日本のスタイルが主流だ。

これら「日本的」オートキャンプスタイルの中核には、テント、ファニチャー、焚火周辺用品といった日本独自の進化を遂げたギアの存在があることも見逃せない。欧米からの輸入品で始まったアウトドアファニチャーの還流と共に、アウトドアレジャーという外来文化もまた日本独自のスタイルに変容し、もう一つの還流として今、海外に輸出している。

オンウェー製品に息づく、バウハウスの精神

前述のように、アウトドアファニチャーの変遷は、日本の産業史の典型であり、まさにオンウェーもその一端を歩んできた。が、さらに視野を広げてみると、オンウェーのものづくりは、期せずしてモダンデザインの理念を忠実に継承していることにも気づかされる。

1919年、ドイツで設立された総合造形学校「バウハウス」を知らないクリエイターはいないだろう。「芸術と技術の新しい統合を目指す」ことを理念としたこの学校では、ナチスに閉校される1933年まで、スチールパイプなどの新しい素材の開発、工業生産に適応する合理的な造形の研究が進められ、モダンデザインの機能主義的理論が構築された。バウハウスは、いわばモダニズムの源流であり、以降の美術、建築、デザインに決定的な影響を与えた。

バウハウス閉校から60余年後にスタートしたオンウェーもまた、「技術と芸術の統合」を理念としたものづくりを続けてきた。じつは意識的にバウハウスデザインを研究したわけではない。ただ、アウトドアファニチャー、とりわけ折りたたみ椅子とテーブルに特化して、アルミパイプを主とした金属素材を使い、大量生産に適した合理的な造形を目指してきたのだ。その成果である、機能性と美しさにこだわった椅子とテーブルは、結果としてバウハウスの理念を継承し、具現化したと言えるものになったように思う。そしてこのことはまた、今なおバウハウス精神が、時には地下水脈のごとく無意識下で、あらゆるものづくりの現場に受け継がれていることの証左かもしれない。

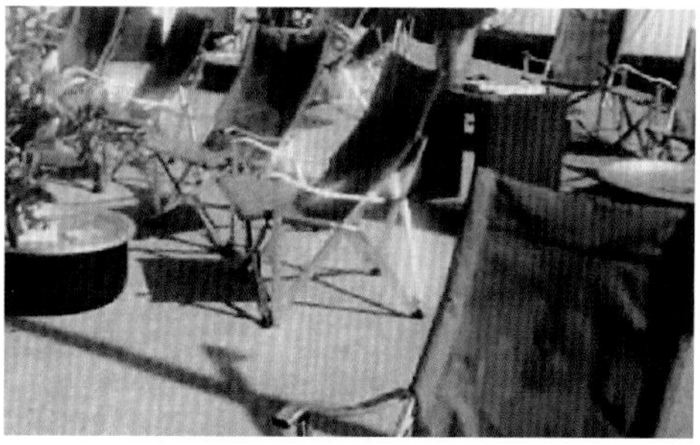

オンウェーのファニチャーも世界各地で愛用されている。右はスイス、左はオーストラリアのカフェ。

時代を映すフォールディングチェア

世界のファニチャーの長い歴史の流れには、それぞれの時代の代表作があり、そうした品々はその時代の社会現象の鏡でもある。ファニチャーという道具を通じて時代の社会現象が見えるのだ。百年後、また二百年後に人々が歴史を振り返ってみる時、ある時期に優れた道具が生まれたことに気づくかもしれない。例えば20世紀末から21世紀初頭に、飛躍的に多くのアウトドアファニチャーが登場したことに。オンウェーは多くの企業と共に時代を代表するファニチャーを作ってきた。アウトドアファニチャーの歴史的変遷の一コマを作った会社でありたいと願っている。

時代の推移とともに社会は変化する。それは人々の生活や意識が変わるということで、暮らしの中の道具もまた変容する。例えば、近年話題になった某有名家具店での経営者親子の争議も、そうした変化の象徴として見ることもできるだろう。高度成長期の創業時には珍しかったヨーロッパの高級家具を、主に法人向けに販売し成功を収めた親世代。対してバブル後の、安価でカジュアルな家具を求めるニーズに応えようとする子世代。この時期の、生活、環境、意識におよぶ大きな変化が、世代間のギャップとなって露わになったのだ。

アウトドアファニチャーも、こうした時代の変化と無縁ではない。むしろ本書で後述するように、この四半世紀の間にも盛衰があり変化している。

また、時代は技術的にも日進月歩であり、道具はその時代の技術の現れでもある。現在から見て「粗大ごみ」に見えるかもしれない物も、それが生まれた時代には広範に受け入れられた理由があるものだと理解していただきたい。

オンウェーのこだわり

変化するアウトドアファニチャー業界の中で、オンウェーは一貫してアルミ素材の折りたたみ家具、とりわけ椅子にこだわってきた。常に時代のニーズに応えるべく開発に注力しながらも、表面的な流行を追うことはせず、無駄な装飾を排し、機能性とデザイン性を最重視するスタンスを守っている。というのも、椅子には道具としての価値だけでなく、文化的、芸術的な意味合いがあると信じるからだ。
何もない部屋、または茫漠とした原野ですら、一脚の椅子を置くだけで、そこには人が生活する「場」が生まれる。椅子づくりは空間科学である—オンウェーは、そう考えている。

そんなオンウェーの軌跡を時代背景とともにご覧いただくことで、単なる社史とは一味違う、ものづくりの現場のダイナミズムをお伝えできればと願っている。

モバイル（移動性）技術とアウトドアブームの関係

　本書の各章で詳述するように、日本のアウトドアレジャーは急速なブームと衰退を経てきた。同時に、過去30年間、日本社会は自動車の技術発展、第三次産業革命と言われたパーソナルコンピューター（PC）の普及、携帯電話の浸透、そしてスマートフォンの登場による第四次産業革命へと、激動の時代を経験している。これらのテクノロジーは、PCを除きどれも「モバイル（移動性）」であることが最大の特徴だが、アウトドアレジャーの流行と密接な関連があるのではないかと筆者は見ている。その考察を視覚化したのが、下記の図表だ。

　パジェロに代表されるRV、SUV車の流行が、爆発的な第一次アウトドアブームとシンクロしていることは明らかであり、その後のブーム終焉はPCの出現と重なる。そして携帯電話の普及からスマートフォンへの移行と第二次アウトドアブームの始まりを見れば、これらのテクノロジーがアウトドア人口の起伏を作ってきたことが見て取れるのだ。とりわけRV、SUV車とスマートフォンが第一次、第二次ブームの起爆剤となったことは明らかに思えるが、この点に言及する総合的な考察はないようだ。

　モバイルツールが引き起こしたアウトドアブームは、アウトドア用品の需要を喚起し、海外ファニチャーの輸入、国内ブランドの出現につながった。やがてそれらへの不満が改良・改造、独自開発を推し進め、結果としてアウトドアファニチャーの進化を促すことになったのだ。「アウトドア用折りたたみ家具」というツールもまた、時代ごとの技術発展の成果を受け、進化してきたのである。

オートキャンプとモバイルツールの関係

1,580万人

国内キャンプ人口の推移
（日本オートキャンプ協会白書 2018年、2019年）

850万人

1990　1995　2000　2005　2010　2015　2020

社会的背景	パジェロの登場	パソコンの登場	携帯電話の登場と普及	スマホとSNSの普及
	モバイル		モバイル	
	第一次アウトドアブーム	アウトドア人気下降期と低迷期		第二次アウドアブーム

アウトドアファニチャー	啓蒙期	成長期	高度成長期	成熟期
	輸入品＋国内品	国内品	国内品	輸入品＋国内品
	多極化時代	一極化時代（コールマン）	二極化時代（コールマン／スノーピーク）	多極化時代

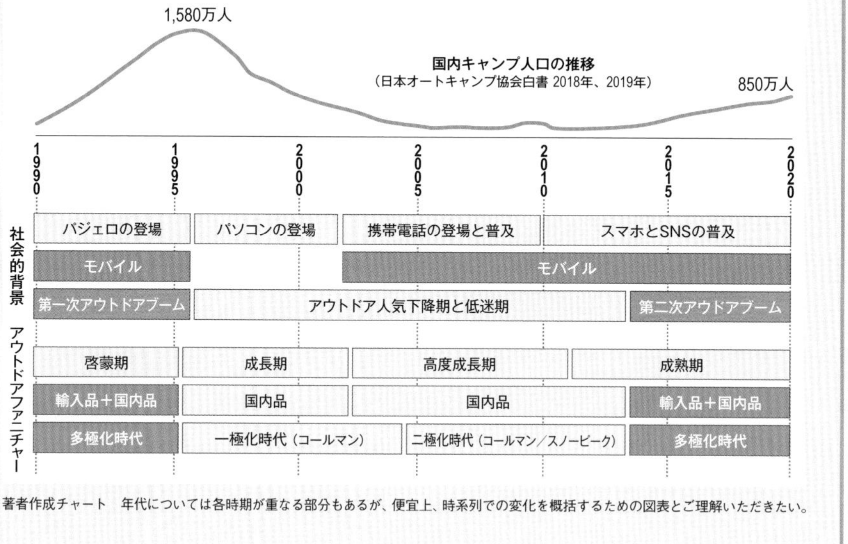

著者作成チャート　年代については各時期が重なる部分もあるが、便宜上、時系列での変化を概括するための図表とご理解いただきたい。

CHAPTER 1

オンウェー始動期
1995-1996

第一次アウトドアブーム1995 - 1996

キャンプブーム到来

日本のアウトドアファニチャーが世界で愛用されるまでになった、
その端緒を開いたのは紛れもなく1990年代のアウトドアブームだろう。
そしてこのブームは、当時の社会状況あってのことだったのだ。

アメリカ流外遊びの下地

90年代、日本で一気に花開いたアウトドアブーム。一見、突然の流行のようにも見えるが、日本に「キャンプ」というアメリカ流の遊び方が浸透するには、それなりの下地と背景があったのだ。

さかのぼれば高度経済成長まっただ中の1960〜70年代、64年の東京五輪を経て、三種の神器（テレビ、電気冷蔵庫、電気洗濯機）の次なる「欲しいモノ」として「３Ｃ」（カー、クーラー、カラーテレビ）が購買意欲のターゲットとなり、自動車が一般家庭に爆発的に広がった。高速道路の拡充も手伝い、モータリゼーションが急速に進んだことで、休日に家族で「クルマに乗って出かける」レジャーも盛んになってきたのである。

一方で、若者の間ではアメリカ流ライフスタイルの人気が高まってくる。1970年代後半には、『Made in U.S.A.』というアメリカの若者たちのスタイルを紹介するムックが発行され、その後継としてスタートした雑誌『Popeye』は、日本の若者たちに絶大な支持を得て、流行の発信源となった（学生運動の季節を経て未だ反米の気風が残る若者たちをも魅了してしまった）。とりわけアメリカン・カジュアルファッションは大流行し、「ランチコート」や「ダンガリーシャツ」などのアウトドア向け衣料も、お洒落なタウンウエアとして親しまれるようになる。ファッションとしてアウトドアを楽しむ人が急増し生活風景に浸透していったこともまた、後の「実際に野外へ出かける」アウトドアブームの地ならしになったと言えるだろう。

バブル崩壊が人々を自然の中へ

「モーレツ社員」がもてはやされた高度成長期の後、80年代後半に入ると、貿易

三菱パジェロ２代目（後期メタルトップワイド／海外仕様）
Photo by Corvettec6r Wikimedia Commonsより

摩擦を背景とした外圧もあり、日本人の「働きすぎ」が見直されるようになった。その対応として導入されたのが週休二日制だ。民間では1980年代頃から採用されるようになり、1992年には国家公務員、地方公務員が完全週休二日制に。88年の労働基準法第32条改正（97年施行）に基づき、週休二日は民間企業に速やかに広がっていった。金曜の夜に仕事から解放されて飲食などを楽しむ「花金」が流行ったのも、その定着の反映だろう。ただし、1980年後半～90年代初頭のこの時期は、まさに日本がバブル景気に沸いた時代であり、多くの人々が出かけた先は、金曜夜にはレストランやカフェバー、もしくは当時大盛況を誇った「マハラジャ」「ジュリアナ」などの巨大ディスコ、土日や休暇ならゴルフコースやスキー場などの当時盛んに開発されたリゾートや海外であり、キャンプ場ではなかった。

それが一転、バブル景気の終焉とともに、都会での豪奢な遊びやリゾートから、人々の関心は潮が引くように離れていく。金銭を使って得られる物質的に豊かな休暇から、実質的な豊かさを求めるように、また求めざるを得ない経済事情になったのだ。自然と触れ合い、自然に癒される時間こそが本当の豊かさ。そんなマインドが急速に広がっていた。４ＷＤ車が人気を集めたのも、高級感よりパワーが重視されるようになったということかもしれない。

車がある以上、どこかへ行きたい。パワフルな四駆があるのだから…といった心理も手伝ったのだろう、キャンプに出かける人が急増した。とりわけＲＶ車、ＳＵＶ車が大人気となり、日本各地でオートキャンプ場が整備され、新たにオープンもした。休日は大きな車に道具を積み込んで家族や仲間と野山に出かける、そんなアメリカ流の遊び方、キャンプが一気に広まったのがこの時期だ。96年にはキャンプ場を舞台とした映画『７月７日、晴れ』も公開され、ドリーム・カム・トゥルーによるサウンドトラックが大ヒットした。

モータリゼーション、アメリカン・カジュアルの浸透、そして週休二日制の定着という下地に、バブル後の社会と人々の心境変化という条件が揃っての、第一次アウトドアブームの到来である。

キャンプ道具の売り場拡大

　キャンプブームとなれば、その道具への需要も急増する。当初、一般の人々にとってアウトドア用品の主な入手先といえばホームセンターやカー用品店、ショッピングモールだった。イオン、カインズ、コメリ、コーナン商事、ジョイフル本田、ケーヨー、オートバックスなどの大手が、夏のシーズン中にいわば季節商品の一つとして、キャンプ用品を販売した。これらの大型店は、当時出店ラッシュでもあり、その背景として1990年代初頭の大店法（大規模小売店舗法）の緩和も無縁ではなかったはずだ。この大店法緩和・撤廃の主因がアメリカからの外圧であったことを考えると、「ホームセンターでキャンプ道具を買う」という消費行動ひとつにも、当時の社会情勢が如実に反映されていると言えよう。

　当然ながらスポーツ用品を専門に扱う大型店でも、キャンプ用品の扱いは多かった。アルペン、ヴィクトリア、ICI石井スポーツなど登山関連の商品を扱うショップに限らず、スポーツオーソリティーなどの総合スポーツ店でも夏場にはキャンプ用品売り場として大きなスペースが設けられたものだった。

　これらの売り場に現れたキャンプ用のイスやテーブルが、一般の日本人の多くが最初に出会ったアウトドア・ファニチャーだった。その代表的な製品を次項でご紹介しよう。

モバイルと社会、アウトドアレジャーについての考察2

column

パジェロが走った時代

時代を超えて多くのキャンパーに愛されてきた三菱自動車の名車「パジェロ」は、惜しまれつつも2019年8月末に国内販売向けの生産が終了した。

1982年の初代発売以来、パジェロは大量のキャンプ道具も余裕で積める積載力と、悪路でも快適に乗れるタフな走行性で、アウトドアファンの良き相棒として親しまれてきた。発売当初（まだSUVという言葉がなく、RV＝Recreational Vehicleと呼ばれた）は特段の話題にはならなかったものの、83年のパリ・ダカールラリー市販車無改造クラスで初参戦にしてクラス優勝。85年には総合優勝を果たし、一躍、世界に知られるようになる。国内では、ゆとりある積載量と居住性が、バブル期のニーズにマッチして、都市部のデートカーとして、またブーム絶頂だったスキーへの足として爆発的な人気となった。

最多販売台数を記録したのは92年製というから、パジェロの絶頂期は、まさしく第一次アウトドアブームの隆盛期とシンクロしている。本書のテーマである社会とアウトドアファニチャーの変遷を体現する車であることは間違いない。

2代目パジェロ メタルトップワイド VR（中期型）。Photo by Toyotacoronaexsaloon Wikimedia Commonsより

キャンプブームの波がもたらした新アイテム

アウトドアファニチャー、日本上陸

もとより「道具」好きでこだわりの強い日本人にとって、
1990年代のアウトドアブームはその道具のブームにもなる。
キャンプ用ファニチャーが一般にはまだ目新しいものだった当初、
ブームの主流は、日本にさきがけて発展していた海外メーカーの製品だった。

欧米のアウトドア家具が発展した背景

90年代アウトドアブームが始まった当初、キャンプ用品売り場に並んだキャンピングファニチャーは、海外メーカー品が大勢を占めていた。当時、アウトドアレジャーの歴史を持つ欧米では、その道具でも、当時の日本より進んでいたのだ。

陽光を愛する北欧：ヨーロッパでは余暇を大切にする国が多いが、とりわけ日照時間の短い地域では、太陽の光は貴重なものであり、アウトドアレジャーも大いに盛んだ。また日曜日に店舗が休業する国が多いこともあり、レジャーに出かける人が多い。中でもデンマークは、伝統的に手工芸技術が高く、北欧モダンデザインの旗手として数々の名作家具を生み出してきた国柄だけに、アウトドア家具、特に折りたたみ家具で優れたものが多い。

戸外の食事を楽しむ英国：もともとヨーロッパには全般的に、上流階級の狩猟趣味に根ざした「ピクニック」の習慣がある。フランス革命以降、この「戸外で食事を楽しむ」習慣が市民に広がったのだが、とりわけ19世紀にピクニックが大流行した英国では、草地や庭でのランチやティーが盛んになった。また周知のようにガーデニング大国であり、さらに冒険好きな気風もあってか、ユニークな発想のデザインが多く、家具にも反映されている。

地中海周辺の国々：フランス、スペイン、イタリア、トルコなど地中海沿岸地域では、ガーデニングの他、海やプールでのレジャーも盛んで、それらの場面で使う「折りたたまない」アウトドアファニチャーに優れたものが多い。もちろん「折りたたみ」ファニチャーも同様に優れている。市場ニーズが旺盛な地域でもある。

アウトドア大国アメリカ：バーベキューが生活文化の一部といえるほど、アウトドアレジャー人口が多いアメリカでは、道具については実用主義が主流である。デザ

夕陽を楽しむアメリカの人々。折りたたみ椅子を車に積み込み、気軽に出かける。

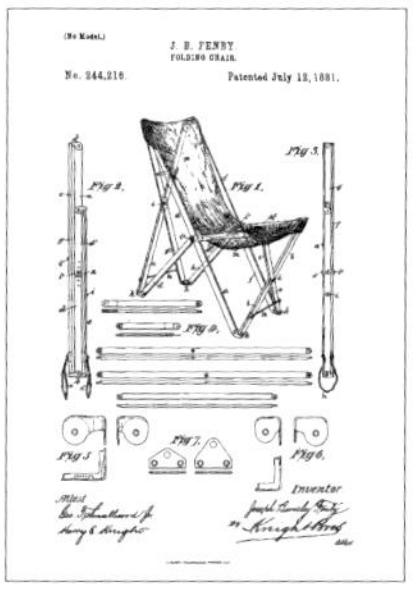

写真は100年前の木製折りたたみ椅子。図面は特許申請書類。

インや使い勝手へのこだわりがなく、使用に耐えさえすれば良しとされ、$10前後の安価な家具を使い捨てする風潮が強い。帰宅後はガレージに放り込んでほったらかしという扱いも珍しくないほどだ。アウトドアチェアは、特に日常的に使うことが多く、例えば、夕方に家族や仲間と車で夕陽の美しいスポットに出かけたり、子供のサッカー練習を参観する時など、折りたたみ椅子が必需品である。

実用優先の海外製品

欧米から入ってきたキャンピングファニチャーの多くは丈夫で、ある種無骨な、鉄製のものが多かった。

そもそもキャンプ用品は、野外で使うため、太陽光や風雨、砂や海水など自然環境によるダメージが大きい。所かまわず無造作に扱われることも多く、早々に色落ちや塗装の剥離、破損も起こりがちで、また欧米人の体格を支えるとなると、やはり堅牢さが前提条件になってくる。そうしたことから鉄製が圧倒的となるのだ。さらに住居が広く収納場所に困らない、また日本人と比べ力も強いことから、「コンパクトさ」や「軽さ」は重視されない。「折りたたむ」動作が加わるとさらに破損しやすくなるため、折りたたみ椅子などは雑な作りのものが少なくなかった。

素材の変遷

前述のような背景を持つ欧米のアウトドアファニチャーは、もともと木材で作られていた。100年以上前から作られてきた木製の折りたたみ椅子とテーブルには、アメリカで特許を取得しているものもあり、現在もなお同じスタイルが踏襲されている。

20世紀に入って鉄が使われるようになり、1930〜40年代には鉄製の折りたたみ椅子も登場した。1970年代から鉄製の家具が多く出回るようになり、アウトドアファニチャーにも多用されている。ちなみに、アルミ素材は、軽量だが高価なためアウトドア用製品に使われることは少なかった。上記のように欧米では「軽さ」への要求が低いためである。

代表的な海外アウトドアファニチャー

ラフマチェア

フランス
Lafuma
ラフマ

フランスの老舗アウトドアブランド、ラフマの屋内外で使えるバタフライ型チェア。フランスのエスプリを感じさせるデザインと、多くの特許技術に裏付けされた耐久性、機能性で人気に。1992年の誕生以来、通算40万脚が全世界で販売され、安定した人気を誇っている。開閉は簡単。軽量フレームとシート生地のシンプルな構成だが、特筆すべきはパイプ同士を繋ぐ樹脂部品で、接地点でもありながら耐荷重と耐磨耗性に優れている点だ。同部品はパイプ固定にも優れている。座ると上半身を包み込むチェアで、室内でも戸外でも至高のリラックスが得られる。

ラレマンチェア

フランス
Lallemand
ラレマン

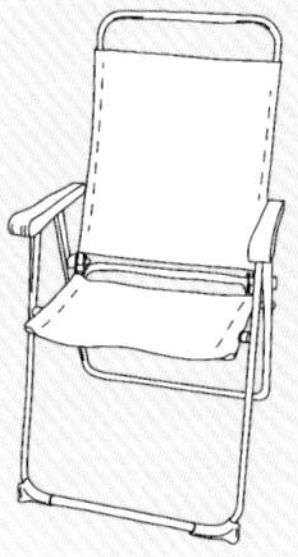

ラレマン社は、建具工だったルイ・ラルモンが1995年に設立。フランス政府が施行した有給休暇制度に端を発する空前のバカンスブームが折りたたみ家具の需要を生み、同社誕生のきっかけとなった。ロール式テーブルを代表とするアウトドアファニチャーは機能性に優れ、欧米で確固たる地位を築いている。フォールディングチェアは、ダイニングとリラックスに共用できる背もたれの角度が特徴で、使用時に不用意に閉じないためのロックや、横転防止のための接地部分のスタビライザーなど、細部にも配慮されている。

クレスポチェア

スペイン
Crespo
クレスポ

50年以上の歴史を持つスペインの会社。金属加工から始まり、耐久性の高いバイクのアクセサリーやインドアファニチャーを製作。そのノウハウを活かし、多彩なアウトドアファニチャーを手がけるようになった。同社のアルミフレームを使用したビーチチェアは、軽さと7段階のリクライニング機能で根強い人気を誇っている。

ビーチチェア

スペイン
ALCO
アルコ

50年以上の歴史を持つスペインのアルコ（ALCO S.A.）社が製造販売。すべての商品を自社設計・製造・販売し、品質に自信を持つアウトドアメーカーのビーチチェアである。フレームにアルミパイプ、座面は化繊メッシュを使うことで、通気性の良さを確保。ヨーロッパではビーチチェアの定番として広く親しまれている。

ローマチェア

イタリア
Castelmerlino
カステルメルリーノ

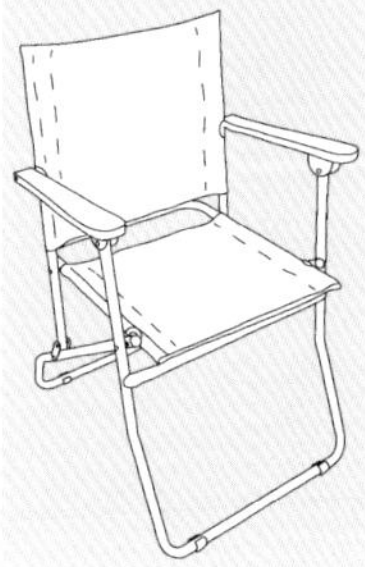

カステルメルリーノ社は、1976年設立のイタリアのアウトドアファニチャーメーカー。イタリアでアウトドアレジャーが大流行していた70年代、折りたたみテーブル＆チェアが大ヒットした。同社のファニチャーはいずれもヨーロッパ産カラマツに金属パイプの脚がトレードマークであり、イタリアの職人によって丁寧に手作りされている。ローマチェア（Roma Chair）を始め、そのシンプルで洗練されたイタリアらしいデザインは、アウトドアにもインドアにも人気。

ガダバウト チェア

イギリス
Maclaren
マクラーレン

パイロット出身の航空デザイナー、オーウェン・フィンレイ・マクラーレンは引退後の1965年、軽量で傘のように折りたためる画期的なバギー（乳母車）を考案。その技術を生かして作られたガダバウトチェアが、ロングセラーモデルとなった。散歩用に開発された折りたたみの軽量椅子で、折りたたむとステッキ代わりになる。座ると身体が沈み込むためダイニングには不向きで、姿勢を変えづらく窮屈とも言える。バガボンド（VAGABOND）チェアは、同品の復刻版である。

コールマン チェア

アメリカ
Coleman
コールマン

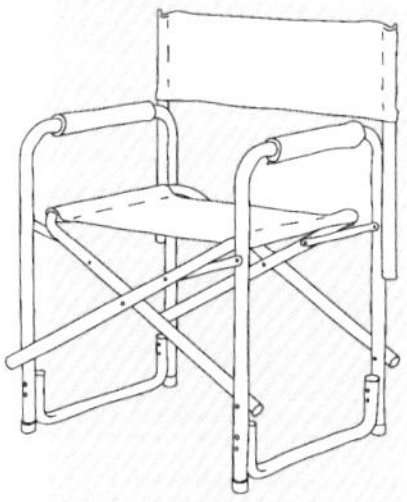

デンマーク生まれの建築家でもあったモーエン・コッホ（Mogens Koch）によってデザインされた名作「フォールディングチェア（FOLDING CHAIR）」のアルミフレーム版。作者不明だが、20世紀半ばから流通し、アウトドアギアの老舗、コールマンが扱ったことで「コールマンチェア」とも呼ばれるようになった。アルミディレクターチェアの代名詞ともいえるマスターピース。

バイヤー チェア

アメリカ
Byer of Maine
バイヤーオブメイン

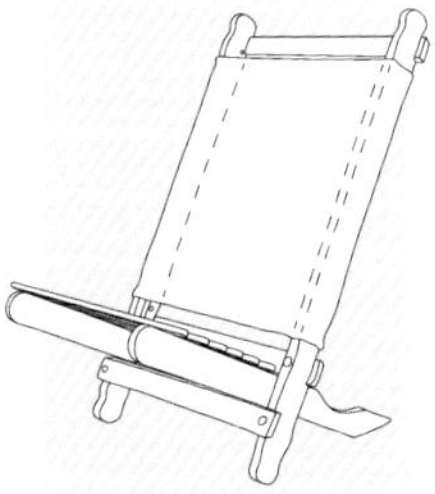

バイヤーオブメイン社は、パインツリーステート（松の州）とも呼ばれるメイン州で1880年に創業した家具メーカー。米軍やキャンパーにアウトドアファニチャーを提供してきた。ハンモックを中心にコット（簡易ベッド）やチェアなど、良質な無垢の木材とキャンバス地を使った幅広いラインナップに定評がある。

ハンディ・ピクニック テーブル

アメリカ
MILWAUKEE STAMPING
ミルウォーキー・スタンピング

商品名は、ヴィンテージ・ミッドセンチュリー・フォールドアップ・ピクニックテーブル（Vintage Mid Century Fold Up Picnic Table）。1960年代、ベンチをケース（テーブル）に収納する初めての製品として登場した。曲線を描くスチールの脚と集成木材の組み合わせは、その名の通りヨーロッパ中世をイメージさせる美しい造形。オールインワンテーブルの元祖的存在である。

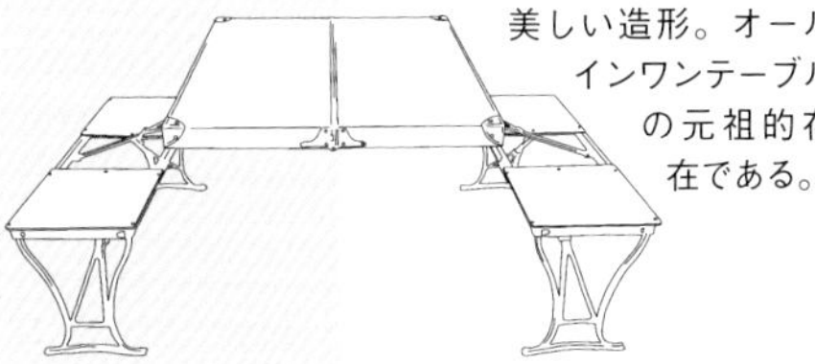

トライスチェア

フィンランド
Hannu Kähönen
ハンヌ・カホネン

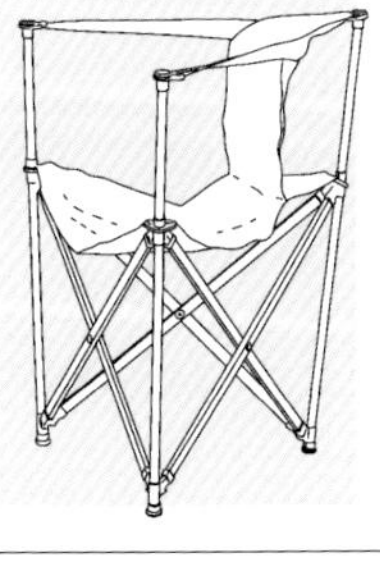

トライスチェア（Trice Chair）は、フィンランドで活動するデザイナー、ハンヌ・カホネンが1985年に発表した、複数の三角形で構成するフォールディングチェア。フレームはアルミ、シートは軽量で強度の高いリップストップ生地を使用。椅子全体が非常に軽いことからアウトドアでの携帯に向いている。

日本のキャンパーに向けて、より小さく、軽く

国内アウトドアメーカーの黎明期

大ブームの当初、キャンプ用品売り場を席巻していた
海外メーカーに続き、国内のメーカーも動き始めた。
日本のアウトドアファニチャー、黎明期の状況と主なブランドを紹介しよう。

日本人の身体、暮らしに合うファニチャーを

爆発的なアウトドアブームと共に、前ページの製品に代表される海外メーカーのアウトドアファニチャーが、続々と輸入され、日本中のショップにあふれた。だが、これらは日本のユーザーにとって新鮮で機能的な一方で、不満な点も少なくなかった。基本的に欧米のユーザーを念頭に作られているため、日本人には大きすぎ、また重すぎるものが多かったのだ。

そんな中で、日本国内のメーカーが、日本人の体型、体力、また狭い住居スペースに適合するアウトドアファニチャーを作り始めた。目指したのは「より小さく、より軽く」、持ち運びやすく、収納性の高い製品。海外品が発する「アウトドアレジャーの歴史と文化に裏打ちされた遊びの精神」を受け継ぎながらも、日本のアウトドアシーンに合わせてバージョンアップした機能的な製品が登場するようになったのだ。トランジスターラジオ、ウォークマンに代表される日本製造業のお家芸が、アウトドアファニチャーでも発揮されたのである。

異業種からの新規参入

急激なブームを迎え、また需要も旺盛な当時、アウトドア用品のメーカーや販売企業はもちろんのこと、異業種からの新規参入も珍しくなかった。異業種とはいっても、金属加工メーカーなど製造ノウハウを持つ企業も多く、また介護やカー用品企業からの参入も。サイズダウンに留まらず、例えば海外の折りたたみ椅子では鉄製だった脚をアルミ素材にするなど、軽量化も進められた。が、これら製品の多くはあくまで機能性重視のアウトドアファニチャーであり、美しさを求めたものではなかったのが当時の現状だ。

代表的な国内アウトドアブランド

THERMOS
サーモス

サーモス（THERMOS）ブランドの名は、1904年に世界初の真空断熱魔法瓶を製品化したドイツのテルモス社の社名だが、1978年に世界初のステンレス製真空断熱魔法瓶を開発した日本酸素が、欧米に広がるテルモス社のグループを傘下に吸収した。2001年10月に日本酸素株式会社の家庭用品事業部門を会社分割しサーモス株式会社に。ブーム時には、水筒、ポットに留まらずアウトドアファニチャーも手がけていた。

Snowpeak
スノーピーク

1958年に故・山井幸雄により金物問屋として新潟県三条市で創業。当時の登山用品に不満があった山井幸雄が、オリジナルの登山用品・釣り具を開発したことから、その後周知の日本を代表するアウトドアブランドの一つとなった。1963年にスノーピークの名称を商標登録し、1976年には自社工場を設立。1986年に社長山井太（とおる）の入社によりキャンプ用品の開発を始め、数々のキャンプファニチャーを開発した。

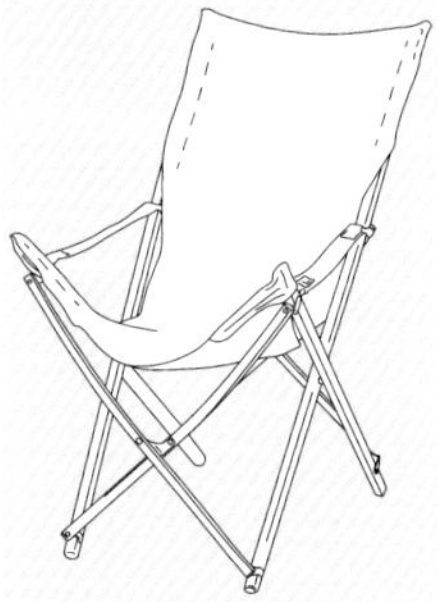

Riccal
リッカル

リッカルは、理研軽金属工業株式会社のアウトドアブランド。1937年、アルマイト加工及び製品工場として静岡で創業した同社は、建材を中心にアルミニウムの材料から加工製品まで幅広い製品を扱う総合一貫メーカー。アルミ建材の老舗として第一次キャンプブーム時に、アルミ製折りたたみ椅子などアウトドアファニチャーを展開した。

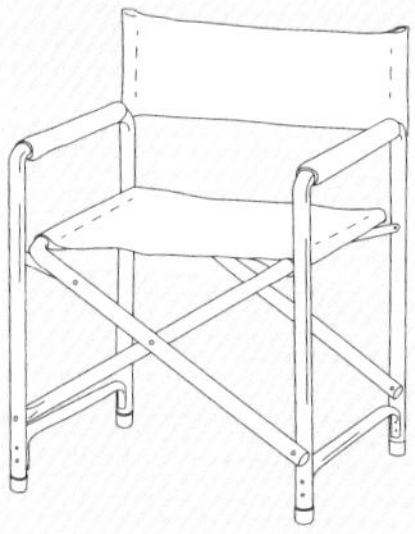

Iwatani Resort
イワタニリゾート

イワタニリゾート株式会社としてイワタニ製のカセットボンベなどアウトドア用品を販売。アウトドアファニチャーも販売していた。2004年にビッグオーク株式会社に社名変更し、アウトドア小売りに特化した。

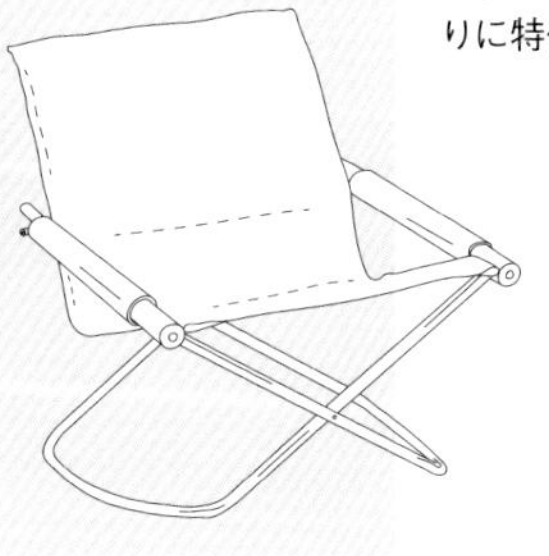

Papa Wind
パパウィンド

パパウィンド（Papa Wind）は、新潟県南蒲原郡栄町福島新田丁にある会社で、もともと生活雑貨を製造販売していたが、キャンプ用チェアやテーブルなどキャンピンググッズ全般を販売してホームセンターに商品を卸していた。

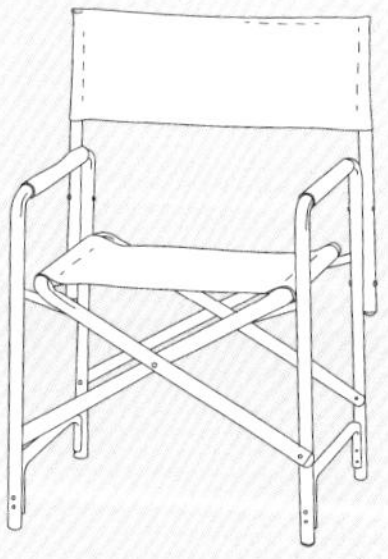

Onway
オンウェー

創業は1995年東京。アルミ製折りたたみ椅子とテーブルの分野において深く精通したアウトドアファニチャー専門メーカー。独自の世界観で椅子やテーブルをデザインし、製造。ユニークで美しいフォルムで知られている。世界を舞台にブランド展開中。

Ogawa
オガワテント

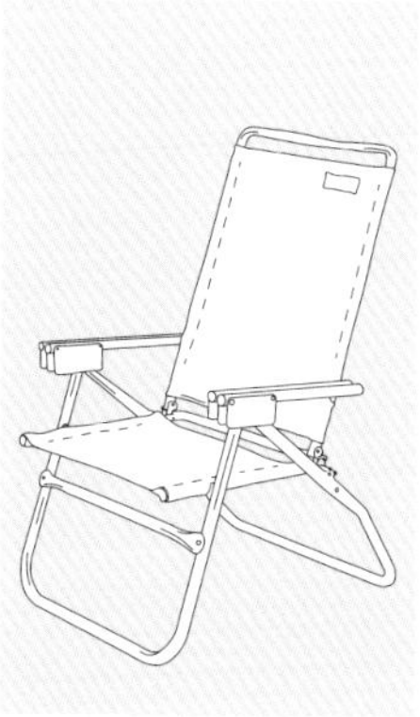

1914年、東京都江東区に小川治兵衛商店として開業、戦後に社名を「小川テント」と改めた。100年の歴史を持つテントの先駆者的メーカー。テントをはじめとしたオリジナルのアウトドア用品を製造販売していた。

LOGOS
ロゴス

1928年、大阪で創業した船舶用品問屋「大三商会」が母体。1985年ロゴスブランドによるアウトドア用品の本格展開をスタートした。ロゴスコーポレーションのファミリーブランドとして「水辺5メートルから標高800メートルまで」をコンセプトにアウトドア用品の製造販売を行なっていた。

Lands
ランズ

ランズは、カー用品の製造・販売で知られる株式会社カーメイトのランズスポーツ事業部で、かつてアウトドアブランドとして展開しており、ユニークな製品が常に話題となっていた。

CAPTAIN STAG
キャプテンスタッグ

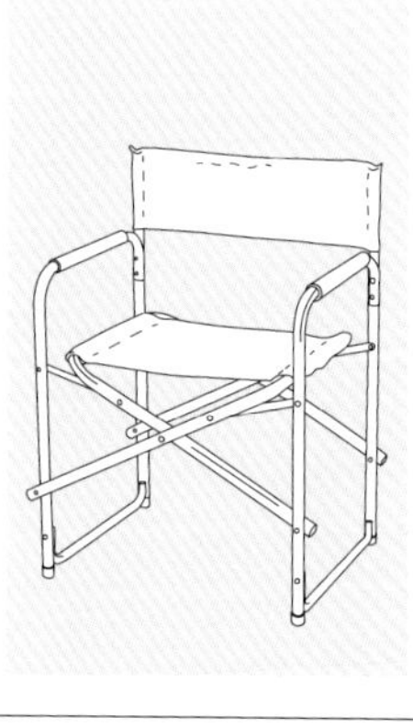

キャプテンスタッグは、1976年、新潟県三条市にて創業したパール金属株式会社のアウトドア用品ブランド。1975年、創業者が渡米の際に、バーベキューを楽しむ家族を見かけたことから、「アメリカのバーベキュースタイルを日本で再現したい」と開発したバーベキューコンロが原点。設立当初からバーベキューコンロやアウトドア用の食器を主力としながら、キャンプファニチャーも展開していた。

商社からキャンプファニチャー開発へ

アウトドアブランド、オンウェーの誕生

アウトドアブームの大波に乗って押し寄せた海外のキャンプ用品、
それに飽き足らず作られ始めた国内製品。
この状況の中、倒壊が危ぶまれる老朽工場で、一つの新ブランドが起ちあがった。
アウトドアブランド、オンウェーの最初の一歩である。

もっと良い品質を。検品からの一念発起

もともとオンウェーは、投資・融資あっせん、プロジェクト企画、そして輸出入を業務とする商社としてスタートした。それが現在のアウトドアブランドになったきっかけは、ある顧客企業からの依頼だった。同企業が中国の工場に発注した商品－アウトドアチェアーを検品する業務である。

依頼を受け、指定された工場へ向かい「生産ライン」とされた現場を見ると、そこにあったのは長いテーブルとハンマーのみ。なんと、製造工程は全てが「人力」であり、ハンマーでリベットを打ち、パイプの曲げ加工は簡単な輪２個を使い腕力で…と、呆れるほど原始的な方法で作業が行われていたのだ。出向いた現場の多くが同様で、中には地面がむき出しの床を鶏が走っている工場すらあった。

こうした工場で、アメリカから上陸し大ヒット中だったディレクターチェアが、日本のホームセンター向けに大量に作られていたのだ。しかもブームに乗って市場ニーズが旺盛を極めた当時、1000脚積みのコンテナ60台、つまり一度に６万脚という発注もあったほど。日本からの買い付け担当者が、工場の社長室の前に座り、商談の順番待ちをしている光景も珍しくなかった。

そして、当の社長は、商品に使うパイプを床に投げ、コンクリートに当たる音で「これは6063」「こちらは6061パイプだ」と顧客に素材の説明をする[※注]。接渉も製造現場に劣らず原始的だった。

こうした環境で良いものができるわけもなく、検品でも当然、ＮＧ品ばかりが出る。この体験から、「自分でも椅子を作ることができるのでは。それも、もっと良いものを。ならばやってみようか」と、そんな思いに駆られて、アウトドアファニチャーの世界に足を踏み入れたのである。

オリジナル製品への挑戦

既存の商品を改良するだけではオンウェーの考えを具現化できない。「構造的に合理性があり、外観も美しいものであるべき」とポリシーが、オンウェーのモノづくりの原点である。この時期に独自開発したロールテーブルやツーリングテーブルは、その代表的なものだ。

リ・デザインからオリジナルへ

最初に手がけたのは、既存の製品を改良する「リ・デザイン」だった。当時出回っていたアウトドアファニチャーは、日本の市場に適さないものが多く、大いに改善の余地があったのだ。そこで、まずは中国のモーター工場に椅子の製造を委託した。同時に、香港に販売会社を設立して、ユーザーや一部の取引先への直接配送も行なっていた。

が、リ・デザインだけでは、本当に納得のゆくものにはならない。既存の商品を改善するだけではなく、構造的に合理性があり、かつ美しいものを作らなくてはおもしろくないのだ。

次のステップとして、中国に自社工場を設立したのが1998年。最初の工場として借り受けたその４階建ての建物は、床面は波打ち、建物自体が傾斜している劣悪な状態で、倒壊を恐れてかテナントが寄り付かない物件だった。そんな建物に、周辺で職にあぶれていた８人の技術者、そして現場作業員200余名を迎えて、オンウェーの自社工場第１号がスタートした。

８人の技術者たちは、元自転車店主、板金工、金型工、家電業など職歴も様々。彼らは、勤務時間中に所在不明になったり、はたまたタバコを吸いながらサッカー賭博に興じることもしばしばで、それぞれ個性が強く、組織に向かない人々だった。しかし、一方で、そうした野放図ともいえる個性の強さを補って余りある「腕」を持った技術者でもあった。とりわけ技術的な難題を解決する能力は代え難いものがある。何よりものづくりが優先という考えのもと、技術者たちのマイペースぶりに目を瞑り、その職人気質を発揮させることで、この時期のオンウェーは、数々の試行錯誤を重ね、またそこからたくさんのオリジナル製品を生み出した。後に詳述するロールテーブルやピクニックテーブルセットなどは、その代表といえるだろう。

どの商品開発でも、こだわったのは機能性と美しさの両立。それこそが現在も変わらないオンウェーのものづくりのポリシーであり、原点でもある。

※注（p.25）「6061、6063」とはアルミニウム合金の呼称。成分によって性質が異なる。ちなみに6000系合金はいずれも強度、耐食性とも良好とされるが、それぞれ微妙に性質、用途が異なる。6061は強度が高くやや硬く、6063はそれよりやや柔らかい。

メーカーへの転身

製造を委託したモーター工場　当初は知り合いのモーター工場に委託してアウトドアファニチャーを製造した。

自社工場の設立

最初の自社工場　倒壊を恐れて他のテナントが付かないような建物だったが、ここからオンウェー初期のオリジナル製品が誕生した。

Folding Bed OW-196GRN

折りたたみベッド

アルミフレームの採用で、
軽量・快適なコットの定番に

近年では「コット」というアメリカでの呼び名で親しまれている折りたたみ式の簡易ベッド。この種のベッドは百年前から木製のものが存在し、欧米では広く使われてきた。地面の凹凸や冷気などが直接伝わるマットよりもはるかに快適で、寝具やベンチにも使えるキャンプファニチャーとして今も大いに活躍している。

ただし、木製フレームのものは、何といっても重い上、経年劣化により折れやすいという短所があった。また、フレームの断面が四角形をしているものが多く、ベッドに腰掛けた際、フレームの角が腿の裏に当たるため、決して座り心地の良いものではなかったのだ。

オンウェーは、そのフレームをアルミ製パイプに変更。さらにパイプの断面を「D」の字状に。腿に当たる部分をアーチ型にすることで、腰掛けた時に腿に当たる不快感を軽減した。加えて、このフレーム下にメガネや小銭などを入れるポケットを付けることで、野外キャンプでも快適に過ごせる工夫を加えた。

このアルミフレームベッドは、その後キャンプ用「コット」の定番となり、キャンプサイトはもとより、災害時の避難所用備品としても利用されている。

上：アルミフレームで昔ながらの折りたたみベッドを軽量・快適に刷新した。フレーム外周部分が曲面になったD型のパイプを使用している。手前左に吊り下げられたポケットがキャンプ時に便利。

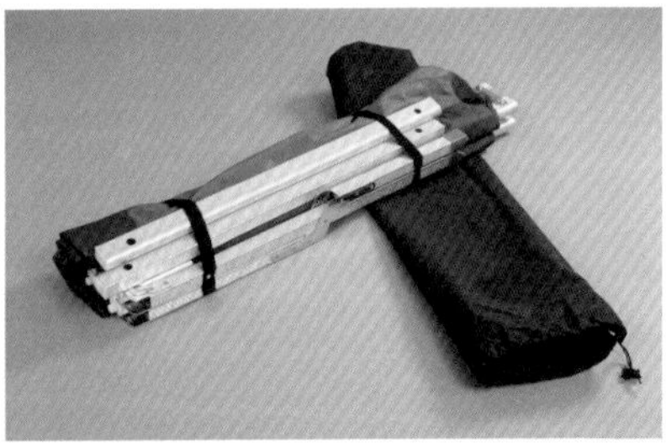

右：折りたたんで小さく収納できる。軽量なので運搬もぐんと容易になった。

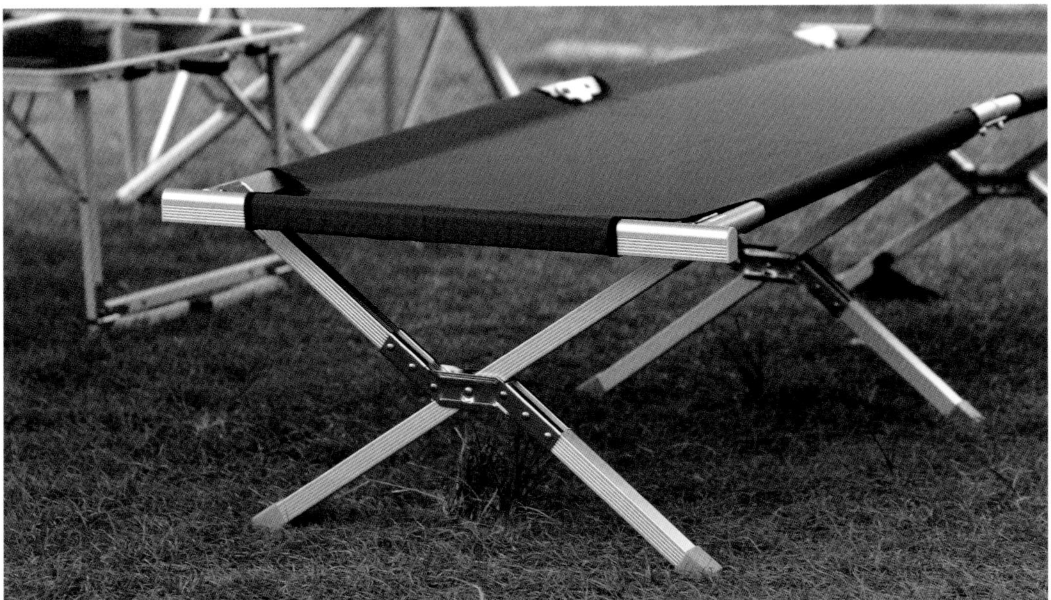

3組のX型脚部で支える構造。接地面の凹凸に影響されず、快適に腰掛けたり寝ることができる。

Director Chair OW-R65

ディレクターチェア

電縫管から押出管へ。
アルミパイプ製法の変更がヒットの鍵

オンウェー始動期に手がけた最初期のフォールディングチェアが、このアルミパイプのディレクターチェアだ。当時流通していたものと同タイプではあるが、この椅子の成功が、後日、オンウェーの記念碑的製品である革新的チェアが生まれるベースになったといっても良いだろう。

パイプ製法のシフトでコストダウン

アルミタイプの製法は、以下の三つの方法が主として使われている。

電縫管　アルミシートを多段ロール（複数のロールで圧円する機械）で管状に丸め、高周波誘導加熱によって電縫（継ぎ目を溶接）したパイプ。肉厚が一定のアルミシートから製造するため、下記の押出パイプでは必ず出る「偏肉」（厚みの偏り）が皆無になる。また、継ぎ目の溶融物をできるだけ排して溶接による盛り上がりをカットすることで、欠陥が出やすい部分を無くし、表面を滑らかに仕上げることができる。

押出管　約500℃に加熱した円柱のビレット（鋼片）に高圧力をかけ、金型を通して押し出すことで成形するパイプ。製菓でいうアイスボックスケーキの原理である。加工しやすいアルミの特性を十分に生かせる加工方法で、一度の押出によって、複雑な形状の製品を作り出すことが可能である。

引抜管　引抜加工は、上記「押出管」の二次加工であり、アルミなどの押出管を加熱することなく金型の狭い穴に通して引抜くことで加工する方法。一般的に細く寸法精度が高く、表面のきれいな製品を造ることができる。

最初に日本に上陸したアメリカのアウトドア大手企業が市場に投入したのが、いわゆるディレクターチェアで、上記の電縫管を使ったものだった。これが日本のアウトドアチェアの元祖となったのだが、当時、1993～94年頃のカタログを見ると、電縫管の椅子は1脚1万3000円～1万5000円という高価なもの。電縫管は非常に軽く弾力性もあり、また製造過程での大気汚染もほとんどないのだが、製造コストが高いのが難点だったのだ。

オンウェーとしては日本にも製造工場を探したところ、大阪で一社、学校のプールサイドやスポーツの審判用の椅子などの製造企業を見つけたものの、やはり製造コストが高く依頼を断念した。

一方で、同時期に、中国や韓国で作られていたディレクターチェア類似品は、アルミ押出管で作ったパイプ椅子が多い。押出管は安価ではあるが、溶かしたアルミを押し出して成形するため、大型の炉に大量の燃料が必要な上、粉塵も激しく、工場は暑く労働環境も厳しい。さらに周辺環境への負荷も高いため、日本やアメリカでは押出管を使った折り畳み椅子は製造されていなかったのだ。

最終的には製造を中国に移し、押出管のディレクターチェアにシフトすることを決断。コストはアメリカ製の三分の一となり、手頃な価格で多くのキャンパーに受け入れられることとなった。

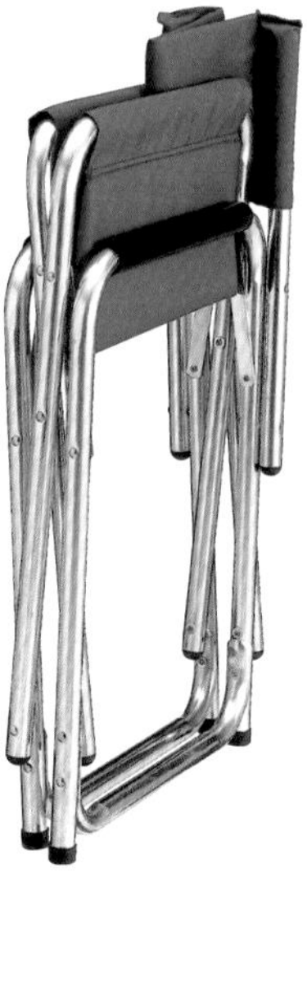

左右開閉型の基本的な機構。操作もシンプルだ。

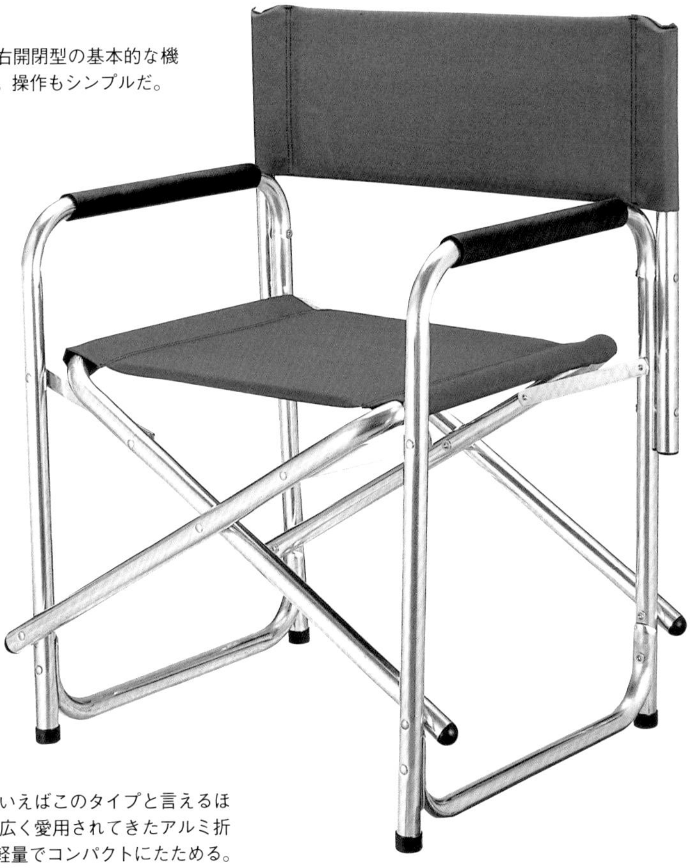

ディレクターチェアといえばこのタイプと言えるほど、キャンプに限らず広く愛用されてきたアルミ折りたたみ椅子の原型。軽量でコンパクトにたためる。

Reclining First Chair OW-N85

リクライニングファーストチェア

収納性をアップデートした
南欧式リラックスチェア

当初は海外メーカー品ばかりだった日本のアウトドアファニチャーの世界に国内メーカーが次々と参入し、より機能的で使いやすい製品を作り出したことは本章冒頭に記した通り。その一翼を担っていたオンウェーは、すでに国内に流通している輸入品に限らず、日本ではあまり見かけないタイプのファニチャーも積極的に手がけていた。その代表が、後のヒット商品にもつながるこのリクライニングファーストチェアだ。

オットマン一体型のアウトドアチェアは、ヨーロッパ、特に地中海沿岸のイタリアやスペイン、トルコでは広く普及している一方、日本ではあまり見かけることがなかった。スタイルとしては、「寝椅子」「安楽椅子」と呼ばれるラタン製のものが昔から親しまれていたものの、あくまで室内用で、主に和室やその縁側に置かれる、一種のレトロ家具だったのだ。リクライニングチェアにオットマンを加えることで、リラックスチェアとしての機能は格段に上がる。しかし、アウトドアに持ち出すには、折りたためなければならない。折りたたみのリクライニングチェアに、オットマン部分をどう内蔵させるかが課題だった。

開発の手本となったMARGA社のリクライニングチェア。座面下からオットマンを引き出す方式だ。

背もたれを立ててオットマンを収納すれば、ダイニングチェアとしても使える。背もたれの角度を問わず、オットマンは出し入れ可能。

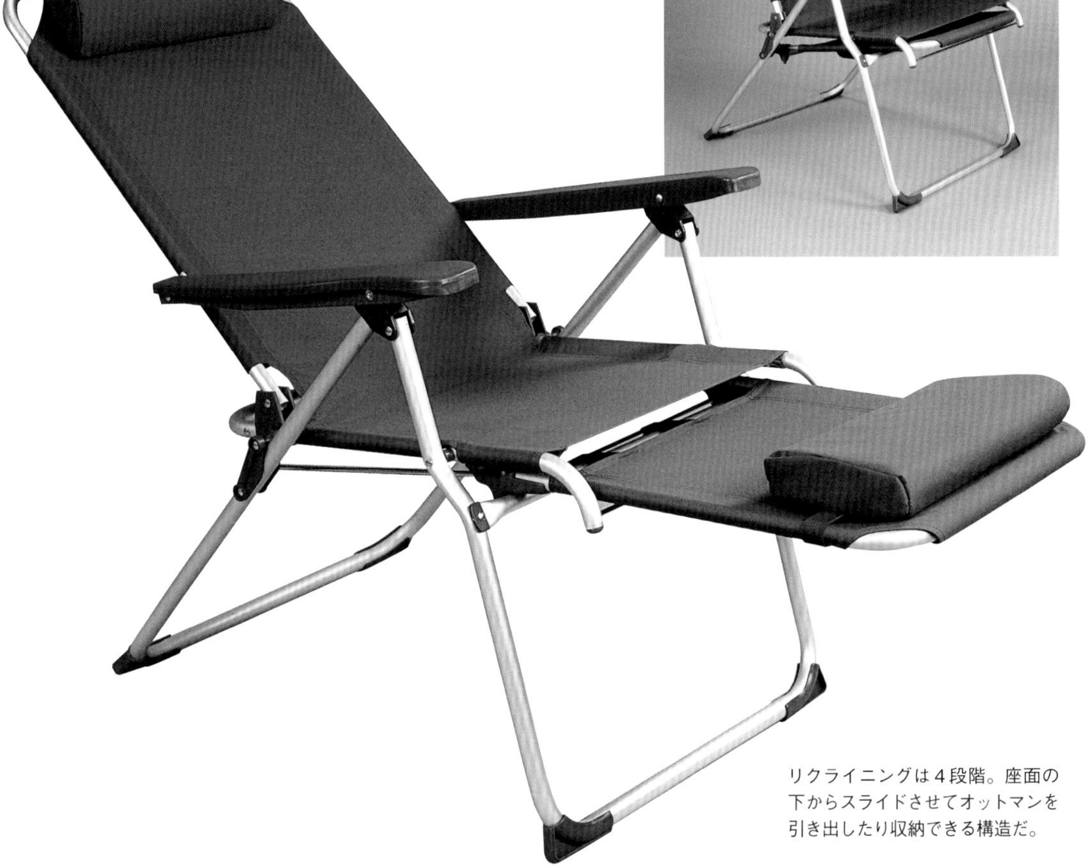

リクライニングは4段階。座面の下からスライドさせてオットマンを引き出したり収納できる構造だ。

その回答の一つとしてオンウェーの視野に入ったのが、イタリア、MARGA社のリクライニングチェアだった。プールサイドに置くことを主眼としたこの寝椅子は、必要に応じて座面の下からオットマンを引き出し、脚を載せられるスタイルだ。座面下に設けた一回り細いパイプフレームが、オットマンのスライド動作を支える仕組みになっている。

オンウェーでは、座面下のパイプフレームを細い鉄のバーに替え、このバーがオットマンのフレームパイプに挿入される仕組みに改良。オットマンの出し入れがよりスムーズに、椅子全体もより軽量で、コンパクトになった。文字通り、日本のアウトドアシーンに合わせたアップデートである。

Roll Table 4 OW-109

ロールテーブル

上：写真右下の収納バッグに収まるコンパクトさも、木製に比べて画期的だった。

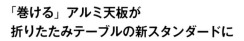

右：脚部を開いて天板を留めるだけで、安定感のあるテーブルに。すっきりと清潔感のある外観も従来の木製テーブルとは対照的だった。

「巻ける」アルミ天板が
折りたたみテーブルの新スタンダードに

昔ながらの木製ロールテーブルをアルミ素材で
より軽く、スタイリッシュに。
ふとしたアイデアと日常風景からのヒントで生まれた
アルミ製ロールテーブル。
発表の３年後には当たり前のように普及し、
ワールドスタンダードとなっていた。

すのこ状天板をアルミで作る

オンウェー初期の代表作の一つ、アルミロールテーブル誕生のきっかけは、ふとした日常の光景からだった。天板をロール状に巻いて収納する野外用の折りたたみテーブル自体は、じつは前世紀から存在する。細長い板をすのこ状に並べた天板が幅広のテープなどで連結されており、これをくるくると巻いて収納する仕組みだ。しかし、従来のものは木製なので相当な重さになる。これをアルミで作ってはどうか？　そんなアイデアが浮かんだきっかけは、ある日、図書館の新聞コーナーで目に留まったアルミ製新聞挟みの列だった。

クリアすべき３つの課題

木製の板に替えて、板状に成型したアルミの角パイプを天板としたロールテーブル。当時、それまで誰も試みなかった革新的なアイデアだ。

しかし、これを形にして、製品として完成させるには、３つの難関をクリアしなければならなかった。

アルミパイプの連結方法：木製の板ならば幅広の布テープで固定、連結できる。しかしアルミ素材ではこの方法は難しい。ひもを通してつなぐとしても、繰り返しの使用でひもが弛み、使うたびに締め直すことになるので使い勝手が悪い上、万一ひもが切れれば、天板がバラバラになってしまう。

パイプの連結方法は、アイデアの根幹となるアルミロール天板が、そもそも成立するかどうかという難題だ。その解決策を模索しつつも月日が流れていった。が、ある日、オフィスのベランダから望む向かいの集合住宅のベランダで、主婦が洗濯物を干している光景が目に留まった。彼女が使っているゴムの物干しロープにピンときたのだ。伸縮性のあるゴムひもでアルミ角パイプをつなげば、丸めたり広げたりといった動きも自由にできる。繰り返しの動作にも弛みが出にくい。

さっそく近隣のホームセンターに駆け込み、サンプルを作成。これが初代アルミロールテーブルの雛形となった。

軽量化への挑戦：アルミで作るからには、軽くなければ商品にならない。テーブルとして使えるサイズに並べると、サンプルで使った角パイプではまだまだ重いのだ。角パイプ１枚ごとの重さを減らさなければならないが、平面積と強度は落とせない。となるとパイプの肉厚を削るしかなかった。最適厚を求めて0.1mm以下の調整、試作を繰り返し、到達した数字が0.76mm厚だった。

最適解を得たものの、オンウェーの中国工場周辺に数あるアルミ押出工場のどこも、0.76mm厚という数字に二の足を踏んだ。探し回ってようやく引き受けてくれたのは、旧型機械で操業を続けていた小さな工場だった。この古いタイプの押出機で試行錯誤を重ね、ついに0.76mm厚のアルミ角パイプ製作に成功した。

天板接続の新発想：完成したアルミロール天板を、どう脚部に固定するか。最後の課題は天板と脚の接続方法だった。

木製のものでは、天板の左右端の板が垂れる状態にして脚部にダボ留めするものもあるが、安定性に不安が残る。いちいちねじ止めするのも使い勝手が悪い。しっかりと固定でき、かつ簡単に着脱できる方法は何か。

上：左右両端の裏側に付いた凹型クリップを、広げた脚部の横バーにパチっとはめ込むだけで固定できる仕組み。
下：2001年には日本国内に続きアメリカでもクリップ方式ジョイントのパテントを取得した。

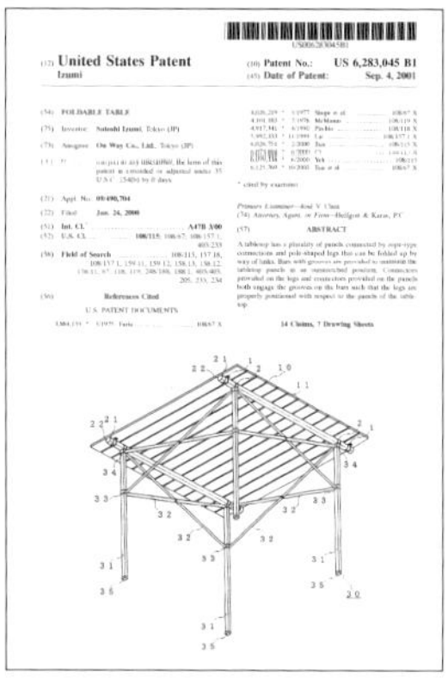

(12) United States Patent
Izumi

(10) Patent No.: US 6,283,045 B1
(45) Date of Patent: Sep. 4, 2001

(54) FOLDABLE TABLE

(75) Inventor: Satoshi Izumi, Tokyo (JP)

(73) Assignee: On Way Co., Ltd., Tokyo (JP)

(21) Appl. No.: 09/490,704

(22) Filed: Jan. 24, 2000

(51) Int. Cl. A47B 3/00

(58) Field of Search

(56) References Cited

U.S. PATENT DOCUMENTS

Primary Examiner—Jose V. Chen

(57) ABSTRACT

A tabletop has a plurality of panels connected by rope-type connections and pole-shaped legs that can be folded up by way of links. Bars with grooves are provided to maintain the tabletop panels in an unstretched position. Connectors provided on the legs and connectors provided on the panels both engage the grooves on the bars such that the legs are properly positioned with respect to the panels of the tabletop.

14 Claims, 7 Drawing Sheets

発表から３年で世界各地に普及。誰もがどこかで見たことのある、アウトドアテーブルの定番になった。

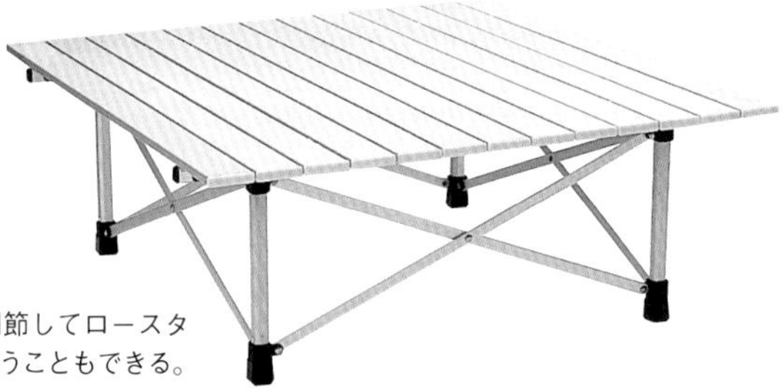

高さを調節してロースタイルで使うこともできる。

その答えとして独自に開発したのが、クリップによる新しい接続方法だった。天板両端の角パイプ裏側にプラスティック製の凹型クリップを装着。広げた脚部にパチッとはめるだけで固定でき、また収納時にもワンタッチで外せるという仕組みである。このジョイント方式は日米で特許も得ている。

世界で親しまれる定番に

ついに完成したアルミ製ロールテーブルが、商品として市場に登場したのが、1996年の夏。４人用と６人用の２タイプはどちらも大ヒットとなり、従来の木製テーブルに取って代わる結果になった。アルミ素材は軽量なだけでなく、清潔に保ちやすく、さらに従来の木製ロールテーブルと比べて、収納時のサイズが格段に小さくなったことも、大きな注目を集めたのだ。

発表の３年後には、世界のアウトドアシーンですっかりおなじみのアイテムとして普及した。ベランダの洗濯ひもから生まれたテーブルが、新しいワールドスタンダードになったのである。

ロールテーブル派生品

Roll Table 6 OW-1096

ロールテーブル6

アルミ天板で、
６人用の大テーブルも可能に

アルミロールテーブルなら、板状の角パイプの数を増やすだけで大型の天板が可能になる。６人で囲める大テーブルも、４人用同様に天板をクルクルと巻いてコンパクトに収納できるのだ。従来の木製ロールテーブルとの比較では、この６人用はさらに軽さ、コンパクトさが際立ち、発売と同時に大ヒットとなった。

天板と脚部をクリップで留めるシンプルなジョイント方式は、脚部の足の数に関わらず、安定して固定できる。

４人用と同様にローテーブルとしても使える。

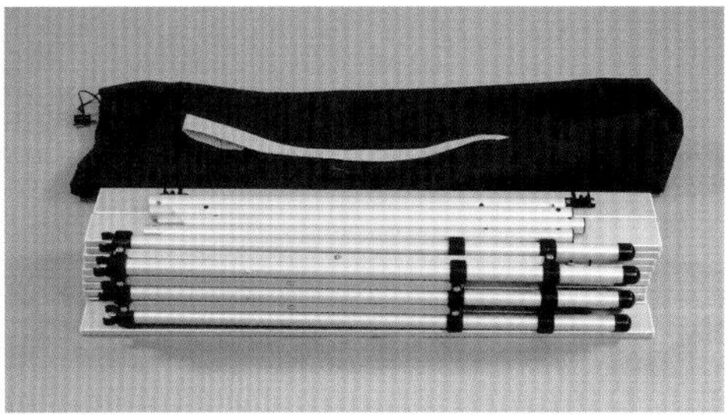

大テーブルでもここまでコンパクトにたためる。

ロールテーブル派生品

Touring Table OW-42

ツーリングテーブル

収納性、安定性を そのままダウンサイジング

アルミロールテーブルで開発したクリップ着脱式のジョイントは、小さなテーブルでも威力を発揮する。一般的なテーブルの「幕板」にあたる横パイプにクリップをはめられれば、天板のサイズも脚部構造も問わずに固定できるのだ。

この小さなテーブルは、「ツーリング中のコーヒーブレイクで、マグを置けるテーブルがあったら…」というバイカーたちの声に応えて、最初のロールテーブルと同じ年に発表したもの。丸められるアルミ角パイプの天板も、脚部に固定するクリップ方式も、ロールテーブルそのままのミニチュア版だ。同時に、これ以降、様々な収納機構のモデルに進化することになるオンウェーのミニテーブルシリーズ、初代でもある。

脚部を丸パイプから角パイプにマイナーチェンジした2代目モデル。

上2点：小型ながら、屋外の不安定な地面にしっかりと設置できる。マグの「ちょっと置き」に留まらず、バーナーで湯沸かしもできる安定感だ。

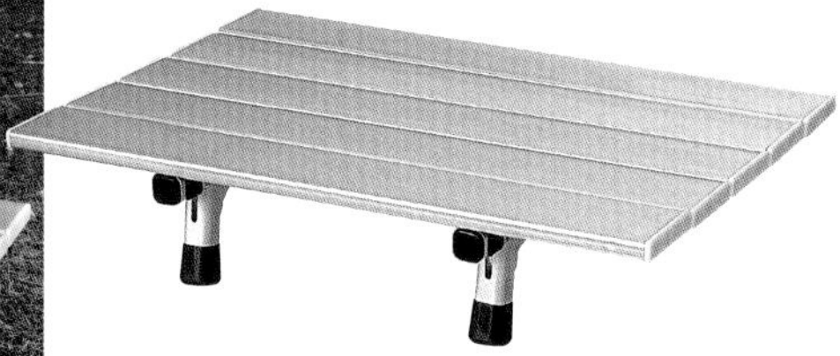

スタンダードサイズのロールテーブルと同様、クリップ式で天板と脚部を着脱でき、天板を巻いてコンパクトに収納できる。ただし、このツーリングテーブルでは、横パイプにたたみ込まれた短い脚を使ってロースタイルにできる仕組み。

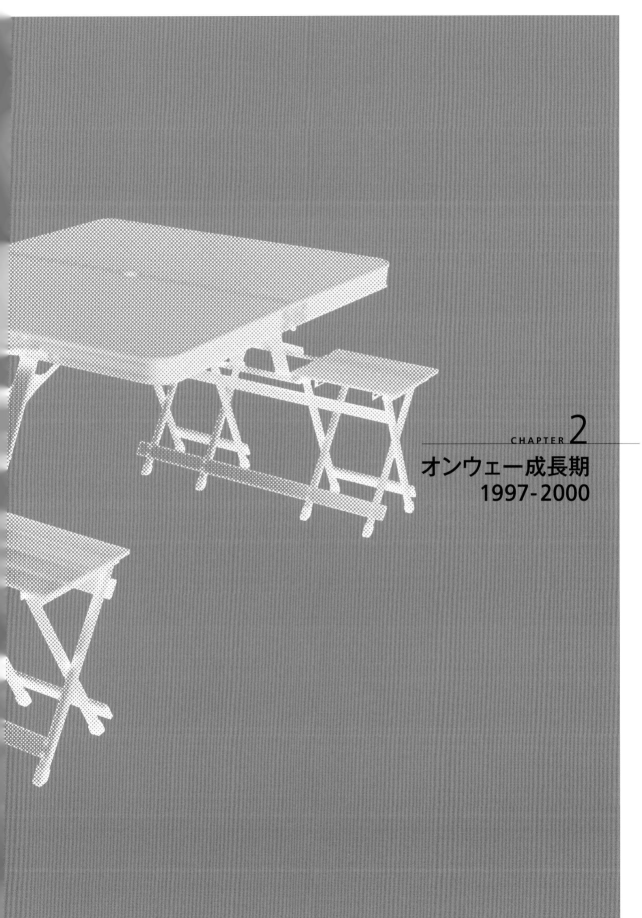

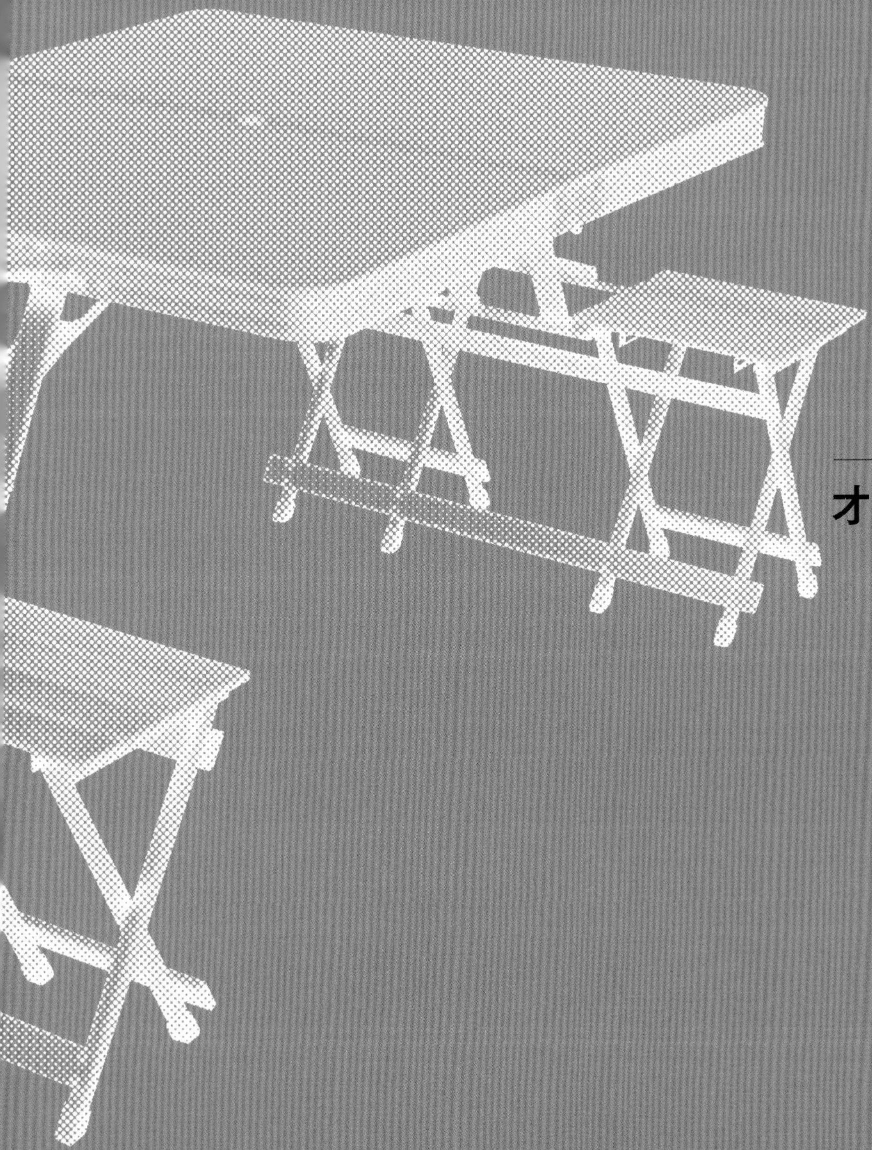

CHAPTER 2

オンウェー成長期
1997-2000

社会的背景

アウトドアブームの終焉

低迷期に入った
オートキャンプ人気

**爆発的な広がりを見せたアウトドアブームは、
1996年を頂点として、下降線を描き出した。
ブームを盛り上げたビギナーやライトファンが急速に離れていったのだ。
以降1997年から2012年まで続く低迷期は、オンウェーの成長期でもあった。**

定着しなかったキャンプ人口

どんな分野でも言えることだが、深い知識と情熱を持つヘビーユーザーや長年のファンだけでなく、一般の人々に広がってこそブームが起きる。ライトなファンは時流に敏感であり、それゆえに他へ関心が移るのも早い。流行に乗ったキャンプ人口の多くが定着すれば、欧米のように日常の生活習慣としてアウトドアレジャーを楽しむ社会になったかもしれないが、日本では根付ききれなかったのが実情だろう。

その要因としては、やはりテントやファニチャー、コンロなどのキャンプ道具の保管に困る住宅事情が挙げられる。つまり、キャンプサイト時以外は「かさばる荷物」となる道具の収納場所は、限られた空間に住む日本人にとって、悩みの種となるのだ。また、キャンプそのものに関しても問題があった。キャンプ場に利用者が殺到したため予約がなかなか取れない、キャンプ場内に人が多くて落ち着かない、キャンプ場内の整備が不十分…などなど、実際に出かけてみると様々な不満を感じたのだ。とりわけキャンプ場の数が増えたとはいえトイレやシャワーなどの設備が不十分だったこと、調理や食事の衛生面、虫除け対策の煩わしさなどは、都市型の生活に慣れた人々には、出かけるモチベーションを下げる要因だったに違いない。

余暇の舞台はインドアへ

さらに、この時期の社会に起きた事象も見逃せない。まず携帯電話が普及し、インターネットの広がりとともにパソコンのユーザーも増加した。つまり携帯電話やパソコンでメールやネットを楽しむ人口が2000年前後から急激に増えてきたのだ。そしてプレイステーション、Wii、Xboxなど、家庭用ゲーム機が進化を遂げ、多くの若者たちを夢中にさせた。インドアでの娯楽が充実した時期でもあったのだ。

オートキャンプ参加人口の推移（推定値）

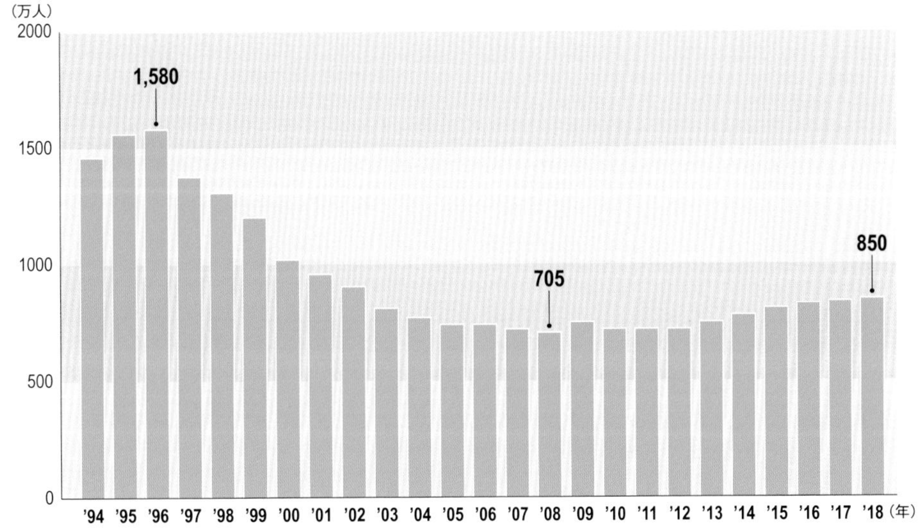

1996年には1,580万人に達していたオートキャンプ参加人口は、翌年から減少に転じ、2001年にはついに1,000万人を切るようになった。

日本オートキャンプ協会『オートキャンプ白書2018年』『オートキャンプ白書2019年』より

この状況にさらに追い打ちをかけたのが、1999年の玄倉川水難事故だ。神奈川県足柄郡を流れる玄倉川の中州で、家族、友人らとキャンプを楽しんでいた18人のグループが、大雨による増水で流され、子供４名を含む13名が死亡するという痛ましい事故だった。このニュースは日本中で大体的に報道され、衝撃とともに「キャンプは危険なレジャー」というイメージが広がったのである。こうして、ひとたび気持ちが離れると、買い揃えたキャンプ用品も放り出し、二度と行きたくなくなるというのも、日本のライトファンの傾向と言える。

さらに、バブル崩壊の喪失感から一旦はアウトドアに向かいながらも、バブル時代の嗜好を持ち続け、キャンプという地味な遊びに飽きてしまった人々もいたことを付け加えておこう。

パソコンの普及とアウトドアブーム

コンピューターの登場によって、人類史上かつてない情報処理技術、通信技術が現実のものとなった。このIT革命がもたらしたもののうち、個人の生活を劇的に変えたのは、やはり「通信」だろう。

1970年代に出現した個人用コンピューター＝PCは、80年代には8ビットから16ビットのIBM PC、Macintoshと着実に進化したが、日本語表示の壁に阻まれ国内の普及は進まなかった。しかし90年、日本IBMが日本語表示を可能にするOS「DOS/V」を発売。その後継Windows3.1のヒットで、企業、個人へのPC普及が一気に進む。アプリケーションの発達、ハードの低価格化と小型化も後押しとなり、PCサーバーも広く普及した。92年に日本最初のホームページが開設。93年にはHP閲覧ソフト「Mosaic」が開発され、インターネット人口が爆発的に増加したのだ。

以降、Google、USB接続、INSネット64サービス開始とネット環境は急速に整い、PCはネット端末としてさらに一般に広がった。世界が身近になり、情報を簡単に得られる時代、人々はもはや出かける必要を感じなくなった。興味はアウトドアからインドアへ。PCとネットの普及は、アウトドアレジャー下火の一因となった。

日本のPC国内出荷台数と出荷額（1983～2015年）

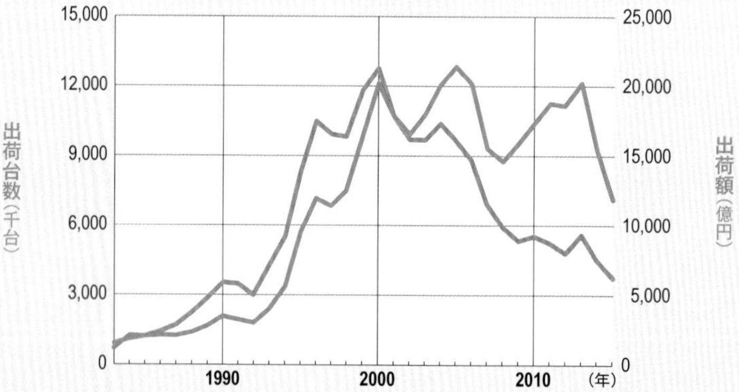

「1983年から2015年までの日本のPC国内出荷台数と出荷額（輸出を除く）」を元に作成
graph by Darklanlan　WikiMedia Commonsより
ソース：『パソコン白書94-95』（1995）日本電子工業振興協会（JEIDA）刊、及び電子情報技術産業協会（JEITA）HP統計データ

業界の動向1

縮小するマーケット

異業種参入組の撤退ラッシュ

**アウトドアブームの終焉は、
そのままキャンプ用品市場の縮小を意味する。
停滞期に入った業界の状況を露わにするのがメーカーや関連部門の撤退だ。**

キャンプ人口の減少はそのままアウトドアファニチャーのマーケット縮小である。ブーム時に上陸した海外ブランド、そして異業種から参入した国内企業も事業の悪化は避けられず、やむなくアウトドア分野から撤退する会社が続出した。

異業種参入企業は様々だったが、主として「本業の製品をアウトドア用品に転用」「自社の製造ノウハウを活かしアウトドア用品を製造販売」「海外とのコネクションや貿易のノウハウを活かし海外製品を輸入販売」といったパターンが多かった。例えば、カー用品関連企業、家電企業、日常雑貨企業、アルミ原材料販売業者、防災用品業者など、ブーム期に業界を賑わせたこれら参入企業も、その多くが事業縮小、または撤退してしまったのだ。そして、キャンパーたちの心を躍らせた海外の名品や国内メーカーの製品も、多くが姿を消してしまったのである。

日本から姿を消した海外アウトドアブランド

クレスポ Crespo	アルミフレームのアウトドアファニチャーを製造販売。日本から撤退。
ラフマ Lafuma	フランスの老舗アウトドアブランド。その後、アパレル事業に特化し、成功。ファニチャー部分は苦戦中。
バイヤーオブメイン Byer of Maine	アメリカ、メイン州の世界的に有名な木製家具メーカー。工場をベトナムに移転。日本市場では苦戦中。
EZ セールス EZ Sales	アメリカ、ロサンゼルスに工場を持ち、アウトドアファニチャーメーカーとして名が知られていた。2009年倒産。
マクラーレン MACLAREN	イギリス、マクラーレン社のガダバウトチェアは日本でも人気を博していた。他の椅子モデルやテーブルも展開していたが、日本製ファニチャーの台頭で市場から姿を消した。
カステルメルリーノ Castelmerlino	イタリアのアウトドアファニチャーブランド。カーメイトが輸入代理店だったが、カーメイトが事業撤退してからはフリーとなり、市場から姿が消えた。

column

検証試験へのこだわり

業界が沈滞する中、p.48～で詳述するように、オンウェーは独自に商品開発を続けていた。その基本理念として「機能美」が挙げられるが、機能美を支える根本的なクオリティが安全性だと考えている。どんなに美しく、優れた仕組みでもユーザーが安心して座れなければ椅子として成り立たない。その安全性を担保するのが検証試験なのだ。

もともと折りたたみ椅子に関するJIS規格はそれほど厳しくない。しかし、この時期からオンウェーでは、JIS規格より厳しい基準を独自に設定して、以下のような検証試験を行っていた。これらをクリアしてこそ、本当の意味で良質なファニチャーをユーザーに届けられるのだと確信しているのだ。特に新製品の場合、以下の３項目を製品が壊れるまで継続、または繰り返して行ってきた。

静態テスト

静止した状態での耐荷重性テスト。一定の重さの砂袋などを72時間にわたって座面に載せ、変形の有無を調べる。日本では一般的には80kgあるいは100kgで試験を行うが、それをオンウェーでは当時から300kgで行っていた（その後350kgに増量）。300kgの人間が座ることはまず考えられないが、瞬間的な負荷としてはあり得る数字と考えての基準である。

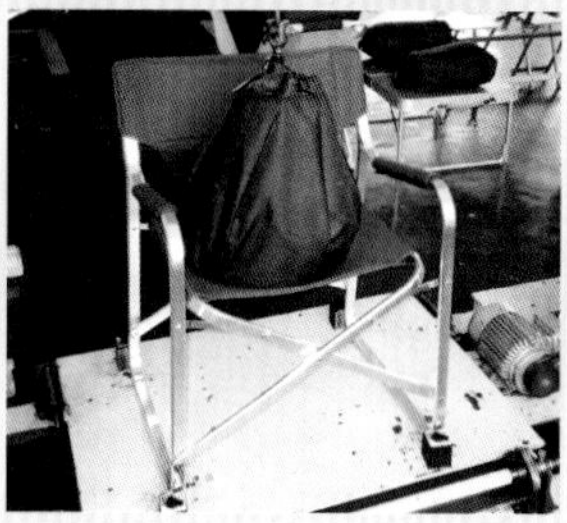

動体テスト

錘（おもり）を繰り返し落とし、耐久性を検査する。オンウェーでは、25kgの砂袋を30cmの高さから2000回自由落下させ、破損がないか確かめる。

開閉テスト

折りたたみの開閉試験は、一万回に及ぶ。

業界の動向 2

低迷の中の進化

日本オリジナル製品への模索と淘汰

メーカーや関連部門の撤退が相次ぐ中、
沈滞する業界の中でも静かな変化が起きていた。
低迷期だからこその進化といえるかもしれない。

逆境下で花開いた創造性と多様性

キャンプ需要が低迷したこの時期、多くの企業が撤退・事業縮小する一方で、生き残りをかけて新製品、オリジナル商品を模索する企業もあった。各社、日本ならではの細やかな工夫やアイデアを注ぎ込んだ商品開発のもと、多彩な商品が続々と登場した。逆境下での企業淘汰とマーケットの再編を経て、結果的にアウトドア用品の多様化時代を迎えることとなったのである。

多様化を後押しした様々な変化

この時期は、ものづくりの前提となるユーザーの動向だけでなく、製品そのものにも革新的な変化起こり、また発明が生まれた。以下に列挙する要因が、日本のアウトドアファニチャーに多様性と進化をもたらしたと言える。

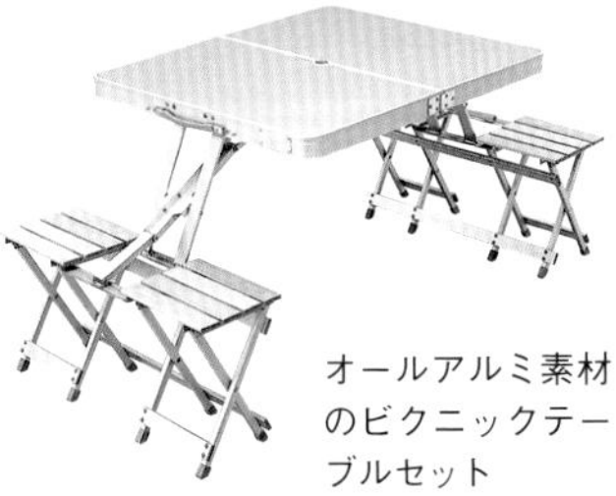

オールアルミ素材のピクニックテーブルセット

素材の変化

アルミと竹の組み合わせ　スノーピークの〈Take! チェア〉がこの斬新な組み合わせで人気を博した。

アルミ複合材の活用　オンウェーが開発したピクニックテーブルセットは、アルミ複合材を天板としたオールアルミ製の商品で、高額ながら大いに話題となり、数年も続く人気モデルとなった。

構造の変化

「前後折りたたみ方式」と「中央収束方式」という異な

前後折りたたみ式

左右折りたたみ式

中央折りたたみ式

左右折りたたみ式と中央折りたたみ式の組み合わせ式

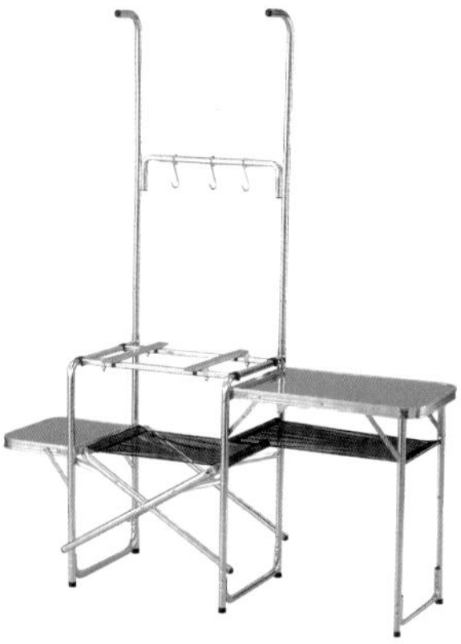

ポータブルクッキングテーブルOW-N175

ツーリングテーブルOW-N42X

る折りたたみ方式を組み合わせた〈スリムチェア72シリーズ〉を発表。従来の中央収束型の椅子に取って代わり、今日まで同タイプの椅子の主流となっている。

ターゲットユーザーの変化

個人からファミリーへ　この時期、キャンプを続けていた人々の主体は、ファミリー層だった。ブームが過ぎたとはいえ、欧米のアウトドアレジャーのスタイルを暮らしに取り入れた家族も多かった。両親と子供二人を想定したテーブル＆チェアセットやバーベキューテーブル、父親に向けたファーストクラスチェア、キッズチェア、時にはゲームテーブルなどが続々と市場に投入された。

所有期間の変化

使い捨てから愛用品へ　安い商品を使い捨てにするアメリカ的な利用から、良質なものを長く使うユーザーが増え、おのずと選び方、購買価格帯も変わってきた。

使用シーンの変化

多様な遊び方に対応　大流行したRV車でのオートキャンプに留まらず、アウトドアの遊び方も多様化。それに対応してツーリング用、ソロキャンプ用、バーベキュー用など多彩な道具が生まれた。

国内ブランドオリジナルの代表的な商品

スノーピーク

ワンアクションテーブル

優れたフレーム構造を持ち、ワンアクションで開閉するテーブル。誰もが納得する見事なメカニズム。

ワンアクションちゃぶ台

非常にシンプルで、容易に回転できるよう足回りに工夫を凝らした構造は、感嘆に値する。

Take! チェア

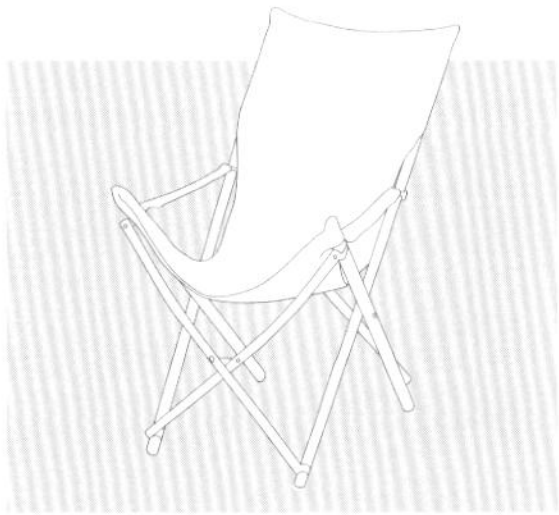

史上初めて「竹」とアルミ素材を組み合わせた椅子フレーム。負荷を巧みに分散させ、異なる素材がそれぞれの役割を発揮するように工夫されている。

スノーピークチェア

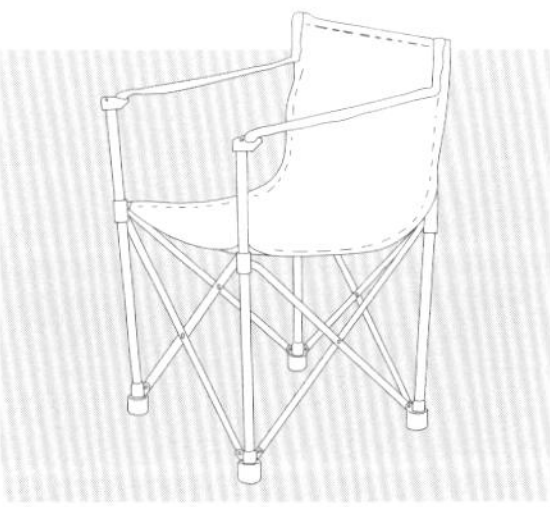

フレームはアルミと思えないほど堅牢な作り。パイプ表面に施したアルマイト層は30ミクロン以上もあり、容易にキズができない仕上げとなっている。

コールマンジャパン

オーバルテーブル6

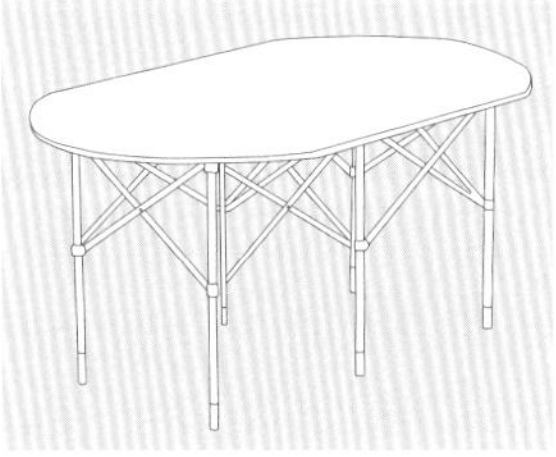

調理時は高さ80cmに、通常使用には70cmにと、二段階調節が可能。高強度のシナベニヤ材を使用した三つ折り天板と、安定性の高い三角形で構成されたアルミフレームの脚部構造が、シンプルで美しい。

スリムキャプテンチェア

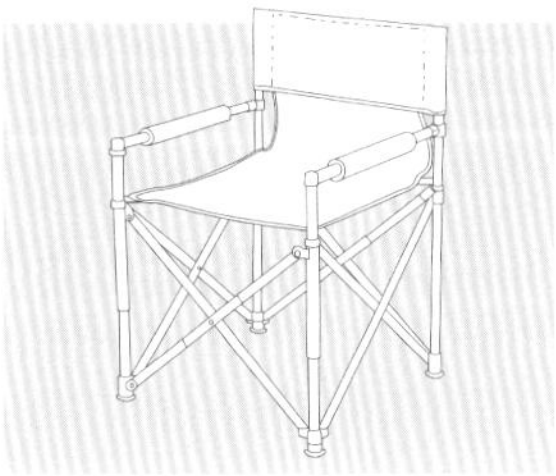

フレームと連動する肘掛けをもつ中央収束型折り畳みの元祖。スリムに収納できて携帯に便利。使用時は座面が広くゆったりした座り心地が得られる革新的な逸品。

フットレストラウンジチェア

鉄パイプフレーム。座面生地にメッシュを入れて通気性を確保。肘掛けは敢えて紐を使い、主役となるシートを邪魔しないスタイルである。フットレストを外しても使える、スマートなフォルムの美しい椅子。

フォールディングキッチンテーブル

高さ82cmのテーブルが、調理時の腰の負担を軽減。シンプルでやや太めのフレーム構造の脚部で、高い安定性を保持している。この種のテーブルとしては特に存在感のあるロングセラー。

オンウェーの歩み

アウトドア業界低迷の中で

逆境下で踏み出したオリジナリティーへの道

第一次キャンプブーム終焉とともに、多くの国内企業がアウトドア用品から撤退や事業縮小する中で、オンウェーはまた違う道を歩んだ。今ふりかえれば、ブーム時からこの2000年頃までのオンウェーの動きは、後の躍進を果たす助走のような期間だったといえよう。

改造・改良から新発想へ。独自の視点でユニークな商品を開発

前章に記したように、オンウェーは、日本のアウトドアシーンの黎明期に初めてその世界に足を踏み入れ、アウトドア用の椅子、テーブルの製作に関わるようになった。当初は主として既存の海外製品の製造を請け負い、また、その改良、改造にも注力した。この時期に製造ノウハウを習得したことは、後のオンウェーブランドにとって、いわばウォームアップになったと言える。

1997年、最初の自社工場を設立し、技術者チームを結集。この頃、他社のアウトドアファニチャー製造を請け負う中で、顧客からの「こういうものはないか？」といった問い合わせが、新たな製品開発のきっかけとなることも少なくなかった。この開発途上で発生する「課題」の数々を現場の技術者たち投げかけるのだが、彼らはその職人気質を発揮して次々と課題をクリアし、多数の新商品を作り出したのである。そうして生まれた製品には、従来製品の改良モデルの他、新しい構造を持つものも少なくない。個性豊かな技術者たちとともに、新しい発想、独自の視点で考案した製品群は、その後のオンウェーの躍進に大きく貢献することになる。ウォームアップの次の助走とも言える時期だった。

リサイクル可能で軽量、そして美しい。アルミ素材への特化

「合理的な美しさ」「機能美」は、オンウェー製品の変わらぬこだわりだが、その具現化を支えているのがフレームや天板のアルミ素材だ。

もちろんアウトドアファニチャーには木製や鉄製もあり、かつては主流として、また現在でも多くはないが作られている。しかし、木製の場合、木材の確保や安定供給が不可欠ながら、自社工場の立地場所では入手が難しい。そもそも木製ファニ

チャーは重く、100年も前から使われていて新鮮味もない。また鉄製ファニチャーについては、すでに台湾が先行して製造販売しており、破格の安価で輸出していた。とても対抗できる状況ではなく、何より鉄製は木材以上に重いという問題もあった。

一方で、アルミは、インドネシアから輸入したインゴット（鋳塊）をパイプに成形する企業が、オンウェーの工場周辺にも数社あり、さらに中国南西部はアルミ産出地でもあるため、インゴットそのものの入手も可能だった。そして何より重要なことは、アウトドアファニチャーの命題である「軽量」と「携帯性」において、アルミは木材や鉄よりはるかに優れた素材なのだ。また、鉄製よりも高級感が出ること（より高く売ることができる）、清潔感のある質感、加工しやすい（高いデザイン性に応えられる）ことも、軽さに劣らず重要な点である。

さらに、この頃、環境問題への関心とともにリサイクルへの機運が高まったことも、リサイクしやすいアルミ素材への追い風になった。加えて言うなら、アルミ製パイプ椅子の製造において先行していた香港や台湾の企業が、利益率の低いアルミ製パイプ椅子を手放し、公園用ベンチなどの利益率の高いアルミ鋳造製品に事業をシフトしたこともある。競合相手が少なかったのだ。

こうして、アルミ製ファニチャー、とりわけアルミパイプ椅子を主力とするオンウェーの方針が定まったのである。

インドアでも通用する折りたたみ椅子の開発

アウトドアファニチャーに欠かせない機能は「折りたたみ」可能であることだ。オンウェーは、独自の発想で様々な折りたたみ家具を開発してきたが、この頃から、キャンプ用に限定しない多様な用途にマッチする製品づくりを意識するようになった。

そもそも「折りたたみ家具」は、使わない時は小さくたたんで収納し、必要な時だけ広げるためのもの。アウトドアブームの中、キャンピングに欠かせない道具として広がったが、日本に根付いた「ちゃぶ台」の例を引くまでもなく、人々が狭い空間で生活する国や地域では、日常的に折りたたみ家具へのニーズは存在している。日本の都市部でも需要はあるはずだ。そこで、キャンプ用ファニチャーというカテゴリーの枠内に留まらず、インドアでもアウトドアでも使える家具、インテリアとしてのデザイン性、高級感を備えた折りたたみファニチャーを、オンウェー製品の柱に据えることにしたのである。

じつは筆者も含め、当時の社内にはアウトドアの達人などいなかった。キャンプに行かない人間たちがキャンピングファニチャーを作るという、珍しい会社だったのだ。しかし、だからこそ、以降のオンウェーの個性でもある「インドアでも通用する家具」という指針を定めることができたのではないかとも考えている。

オンウェー初期のオリジナル製品

初期製品の多くは、国内外の企業からの依頼で開発したもの。顧客である企業からの要望や問い合わせを受け、そこから独自に考案、開発したものが採用される…というパターンが多かった。

オンウェーブランドの展開

この時期、自社ブランド〈オンウェー〉としての活動も活発になる。積極的に海外の展示会にも参加し、市場開拓を進めた。

ドイツ　フランクフルト
インテリアライフスタイル展示会

ドイツ　ミュンヘンISPO
欧州最大のアウトドア・スポーツ用品展示会

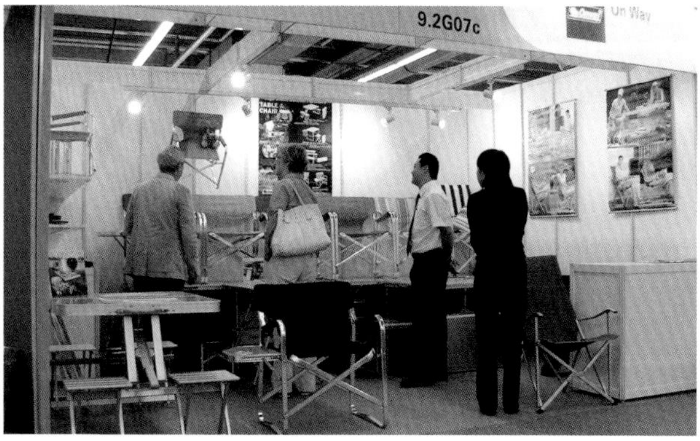

ドイツ　ケルン
国際スポーツ&ガーデン・ライフスタイル専門展示会

Trek Chair OW-5535
トレックチェア

三脚を「四脚」にする
独創的アイデア

1990年代には、キャンピングとはまた別に、中高年の間で登山やトレッキングがブームとなった。60年代に出版された随筆『日本百名山』がにわかに脚光を浴び、テレビでは同名の番組や入門番組も作られた。中高年ハイカーに続き若い女性の登山者も増え、「山ガール」という言葉が生まれるほどの社会現象になったことは記憶に新しいだろう。

当然、登山用品にも注目が集まり、中高年や女性のニーズに応えて、山中での性能や軽量化がこれまで以上に重視されることになった。その流れの中で、昔ながらの折りたたみチェアも、かつて木製だったものがアルミ製に変わっていった。しかし、形はどれも相変わらずの「三脚」構造。オンウェーは、これを「四脚」にした新スタイルを開発したのだ。四脚の方がより安定した座り心地になることは、いうまでもない。

合理性のある構造で安定感があり、かつコンパクトにたためる、このユニークな四脚の簡易チェアは、まずアメリカの大手企業が取り扱い始めた。やがて日本国内の市場にも広がり、今では当たり前のようにトレッキングチェアの1タイプとなっている。

オンウェーが独自開発した画期的な四脚型トレッキングチェア。安定感とコンパクトさを両立した合理的な構造だ。

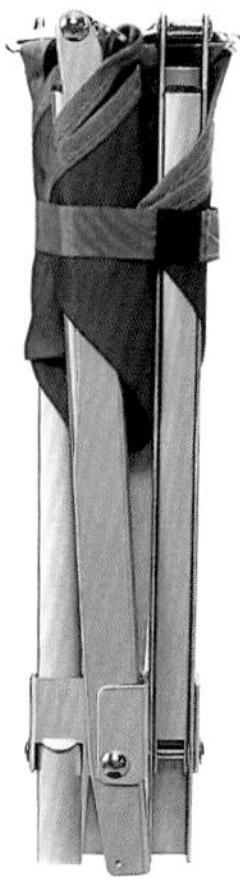

「コ」の字型の角パイプなので、よりコンパクトに折りたためる。

簡単に広げてどこでも座れるのは三脚チェアと同様。収納性も遜色がない。

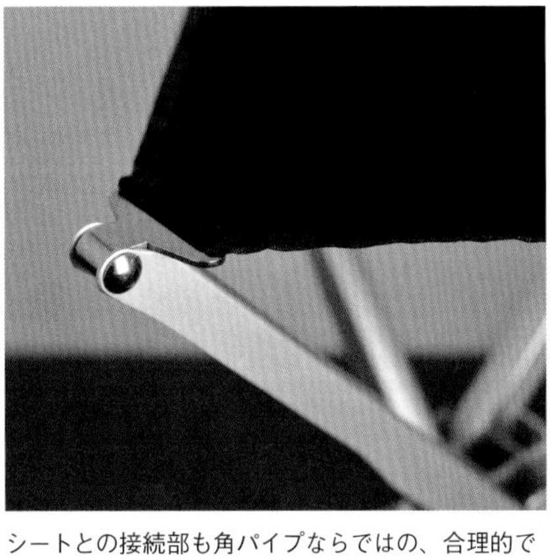

シートとの接続部も角パイプならではの、合理的で
堅牢な仕様。

中心部の仕組みは画期的な構造で、4本の脚を固定
すると同時に上下動が可能となる独自のアイデア。

Deluxe Chair ID-60
デラックスチェア

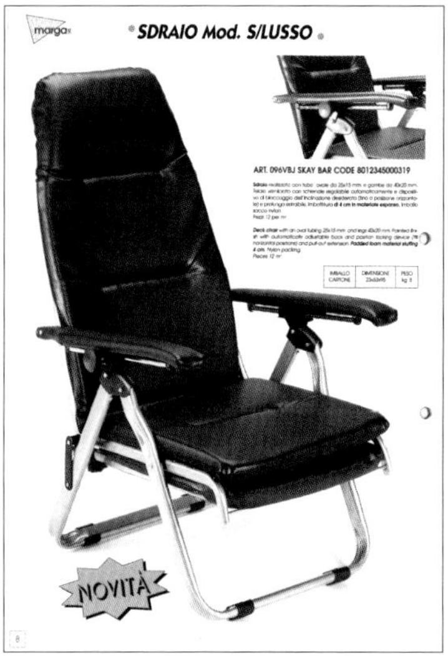

制作のヒントとなったマルガ社のチェア。クッション入りのシート、楕円パイプのフレームが特徴的だ。

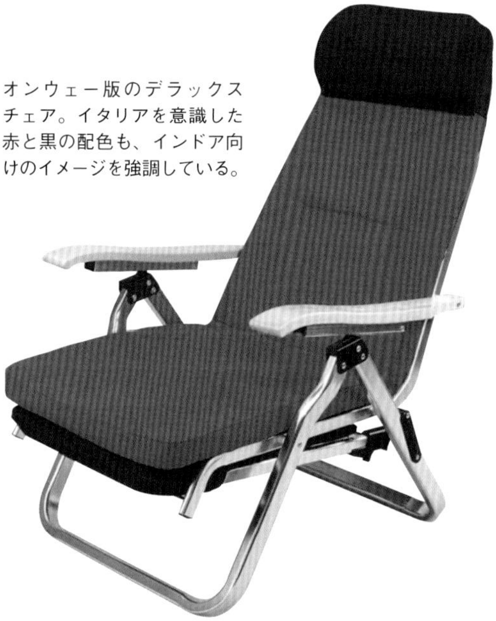

オンウェー版のデラックスチェア。イタリアを意識した赤と黒の配色も、インドア向けのイメージを強調している。

５段階に調節できるリクライニング機能。背もたれと一体化したヘッドレストを付けた。

通販限定で発売。
イタリアンスタイルのリラックスチェア

20世紀末にネットショッピングが普及するまで、無店舗販売といえば長らくカタログや雑誌を通した通信販売だった。日本では、とりわけ1980～90年代にカタログ販売のブームが起き、数々の通販雑誌やカタログが発行され、一般の雑誌にも通販コーナーが設けられた。誌面に掲載された写真と説明文から商品を選び、ハガキや電話、ファックスで注文する――時間も場所も選ばずに買い物ができる形態は、現在全盛のネット販売が広がる土壌を作ったといっても良いかもしれない。

オンウェーもメジャーな通販雑誌や組合誌などにルートを持っていたことから、通販に特化した製品を企画。あえてアウトドアではなく、インドア用のリクライニングチェアを開発した。デザインのヒントとしたのは、イタリア、マルガ（Marga）社のデッキチェア。ヘッドレストからオットマンまで、シート全体にクッションを入れ、座り心地を重視している。5段階リクライニング、引き出し式のオットマンを装備した高級志向のリラックスチェアだ。以降、後継モデルとともに主力のアウトドアファニチャーとは趣を異にするシリーズとなったが、これも通販だからこその試みだったと言えよう。

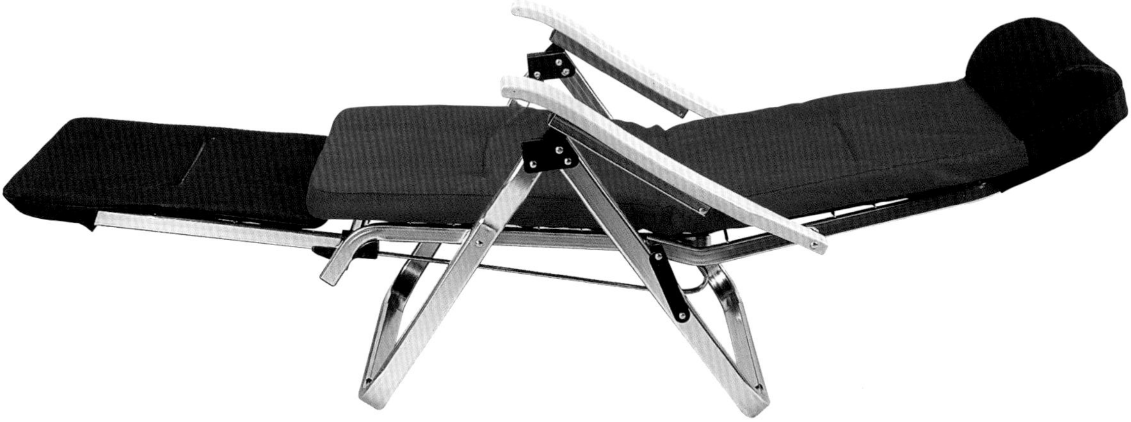

Reclining First Chair OW-N85F

リクライニングファーストチェア

フランスの人気チェアをよりシンプルに、より軽量にリメイク

モデルとしたのは、フランスの有名ブランド、ラフマ（Lafuma）のフォールディング・リクライニングチェア。ラフマは、アウトドアファニチャーメーカーの老舗として、ヨーロッパではよく知られた存在ではあったが、他者との競合商品が多く、経営に苦しんでいた。その苦境を救ったのが、この折りたたみリクライニングチェアだった。背もたれを好きな角度に倒せる、画期的な無段階リクライニング機能が好評を博し大ヒット。30年経った現在でも人気の高いロングセラーとなった。

オンウェーは、アルミ素材で軽量化し携帯性を高めるとともに、この椅子にさらなる快適性を加えた。リクライニングは４段階だが、オットマン部分にクッションを取り付け、フレームが足に当たる不快感を抑えている。何気ないようで座り心地が格段に向上する、当時の他社製品にはなかった工夫だった。折りたたんで持ち運べる点はもちろんラフマ製と同様、軽いので持ち運びやすさはラフマ製以上である。このリクライニングファーストチェアは、後に続くオンウェーのファーストチェアシリーズの原型となった。

経営難だったラフマ社を救ったヒット商品、リクライニングチェア。リクライニング角度を無段階に調節できる。

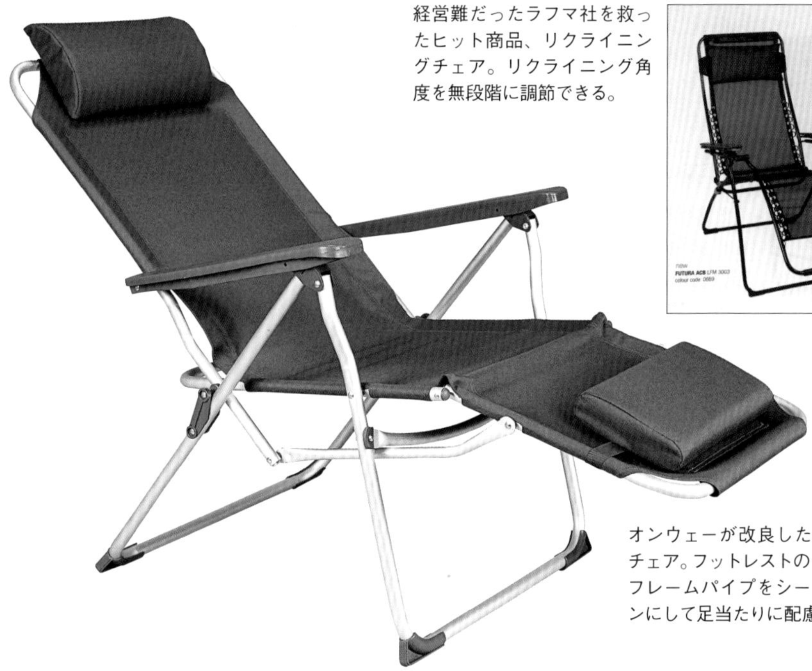

オンウェーが改良したリクライニングチェア。フットレストのクッションの他、フレームパイプをシートに包むデザインにして足当たりに配慮している。

Relax Chair ID-61

リラックスチェア

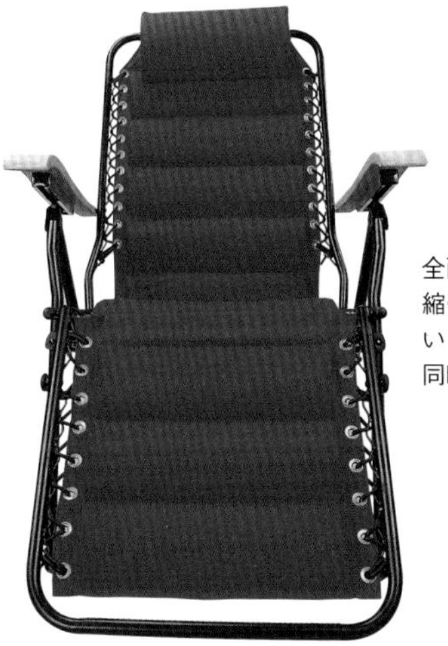

全面クッション入りのシートを、伸縮性のあるゴムストラップでつないでいる。心地よく体を支えると同時に見た目も美しい仕様。

イタリア、マルガ社のこのチェアがヒントになった。すっきりとしたスタイルが印象的だが、こちらのシートにはクッションが付いておらず、肘掛も直線的だ。

前年のデラックスチェアに続き、レッドのシートに黒のパイプという配色がイタリアン・ファニチャーのイメージ。肘掛の美しいカーブにもこだわった。

デザインも機能も磨いた、イン＆アウト両用チェア

通信販売でのマーケットを持っていたオンウェーは、通販でのセールスをさらに広げるため、デラックスチェアに続く後継モデルを開発した。1998年発売のこのリラックスチェアは、デラックスチェアと同様、イタリア、マルガ（Marga）社のチェアを参考にしているが、外観も機能性もより進化させている。ヘッドレストから足元まで、シート全体に厚手スポンジを内蔵。フレームとの間をゴム紐で編み上げて繋ぐことでハンモックのような柔軟性を持たせた。4段階のリクライニング機能も備え、同時にコンパクトにたためる構造は従来通り。さらに自然なカーブを持たせた木製の肘掛が、デザインのアクセントにもなっている。

座り心地と機能性、さらにデザイン性にもこだわって開発したこのリラックスチェアは、オンウェーにとって、インドアでもアウトドアでも使えるチェアの成功例の一つとなった。

Two-way Bed ID-186
ツーウェイベッド

名作椅子をモデルに生まれた、休息のためのベッド

例えば長いトレッキングの後、疲れた足を休めるなら、足元を少し高くして寝たいもの。それを形にしたのが、この折りたたみツーウェイベッドである。モデルとしたのは、近代建築の巨匠ル・コルビュジエによる歴史的な名作椅子、シェーズ・ロング〈LC4〉だ。

1929年のサロン・ドートンヌで発表され、ル・コルビュジエ自身が「休息のための機械」と呼ぶこの寝椅子は、人の身体に沿うように綿密に設計された背のカーブを持ち、弓形のフレームが自由にスライドすること

ル・コルビュジエ設計による近代住宅の最高傑作、サヴォア邸に置かれたシェーズ・ロング〈LC4〉。レザーとステンレスによる現代アートのようなデザインが、素晴らしい座り心地をもたらす名作。
LC4 Chaise Longe designed by Le Corbusier and Charlotte Perriand
Photo by jeanbaptisteparis from Cambridge, MA, USA
Wikimedia Commons より

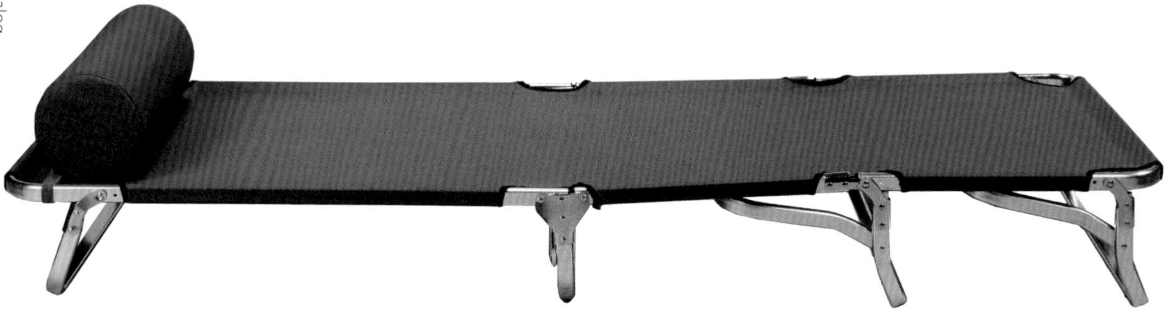

高い脚部のフレームをたためば、
フラットなベッドに。

で寝る角度を自在に変えられるというもの。ゆりかごのような座り心地と共に、造形物として独創的で革新的、かつ優美なフォルムを兼ね備えた、20世紀の傑作である。

その名作から、座り心地の鍵となる「角度」というファクターを抽出し、フォールディングベッドに翻案したのだ。足元側の脚部を２段階に高さを変えることができるツーウェイ。足を高くした状態のシート角度は、〈LC4〉のシートの足元側に限りなく近くなる設計だ。円筒形のヘッドレスト、光沢のあるアルミフレームの採用も、言うまでもなく〈LC4〉へのオマージュである。

脚部２カ所を高くすることで、疲れてだるくなった足を休ませることができる。

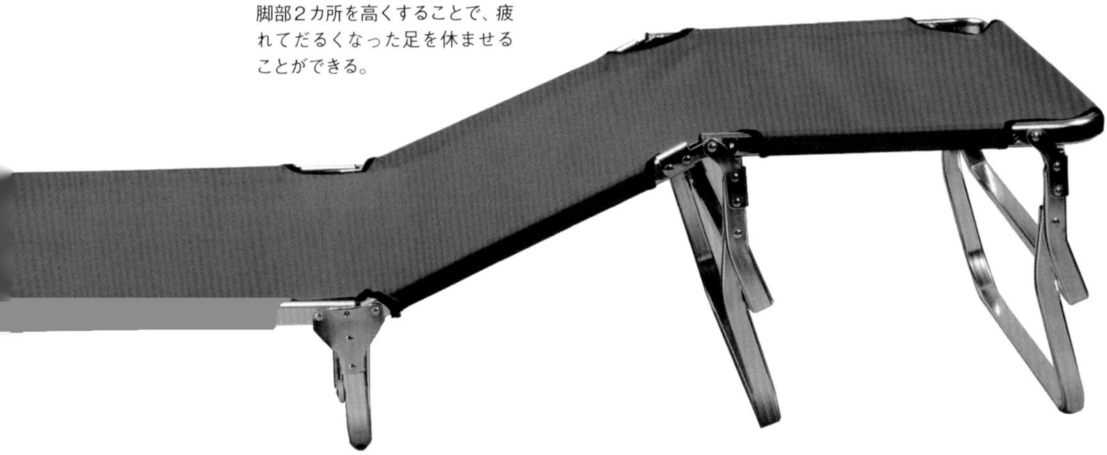

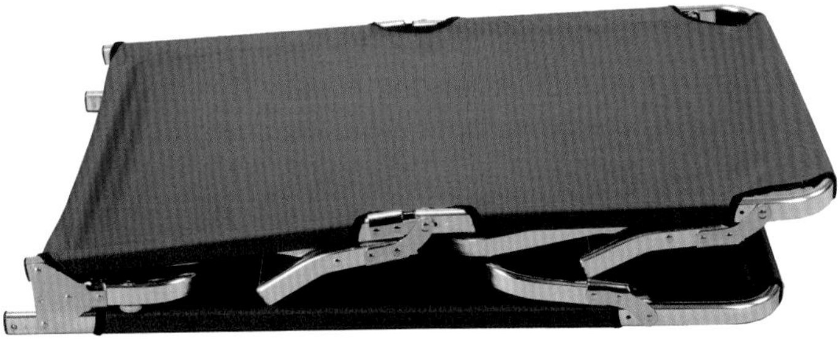

もちろんコンパクトに折りたたむことができる。

Hammock OW-255

ハンモック

転げ落ちない
ハンモック

木陰に吊るしてのんびりと昼寝を楽しむイメージでおなじみのハンモック。南米の先住民が伝統的に使っていた寝具が欧米に広がり、ラテンアメリカのゆったりとしたライフスタイルの代名詞ともなっている。メキシコでは家内工業として広く織られており、その最大のマーケットはアメリカだ。本来のハンモックは、丈夫なネットや布の両端を柱や壁、木の幹や枝に渡し、その上で休むものだが、アウトドアファニチャーとして人気が高まっているのは、折りたたみ式のフレームに掛けて使える「自立型」のハンモックだ。手頃な木や柱がなくてもフレームを組み立ててシートを掛ければ、どこでも独特のゆらゆら感に身をゆだねてリラックスできる。

ただし、シートの両端を１本のロープで繋いだ場合、シートがくるり

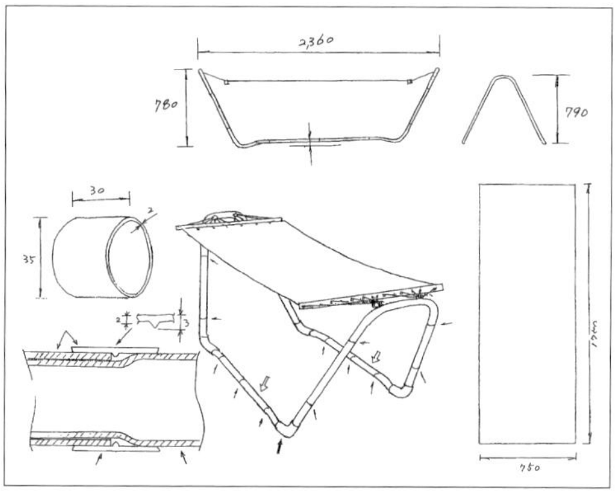

左：製作のための説明図。着地部分の角度、パイプを繋ぐ方法など、細かく示している。

下左：両側各２カ所で固定することで、シートを高めのテンションで張ることが可能に。ベッドに近い安定感のある寝心地が楽しめる。

下右：フレームを分割してコンパクトに収納することができる。

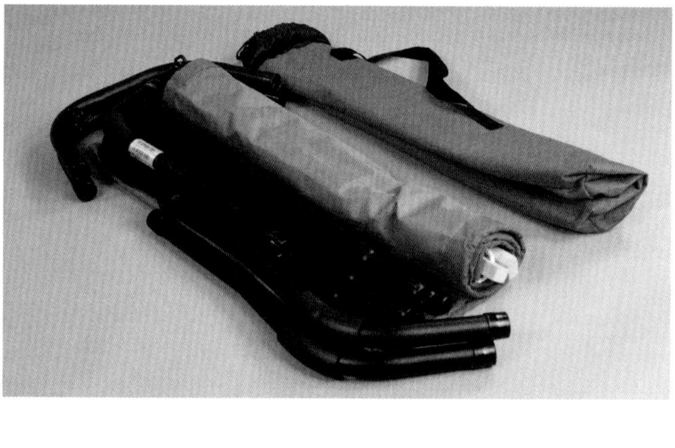

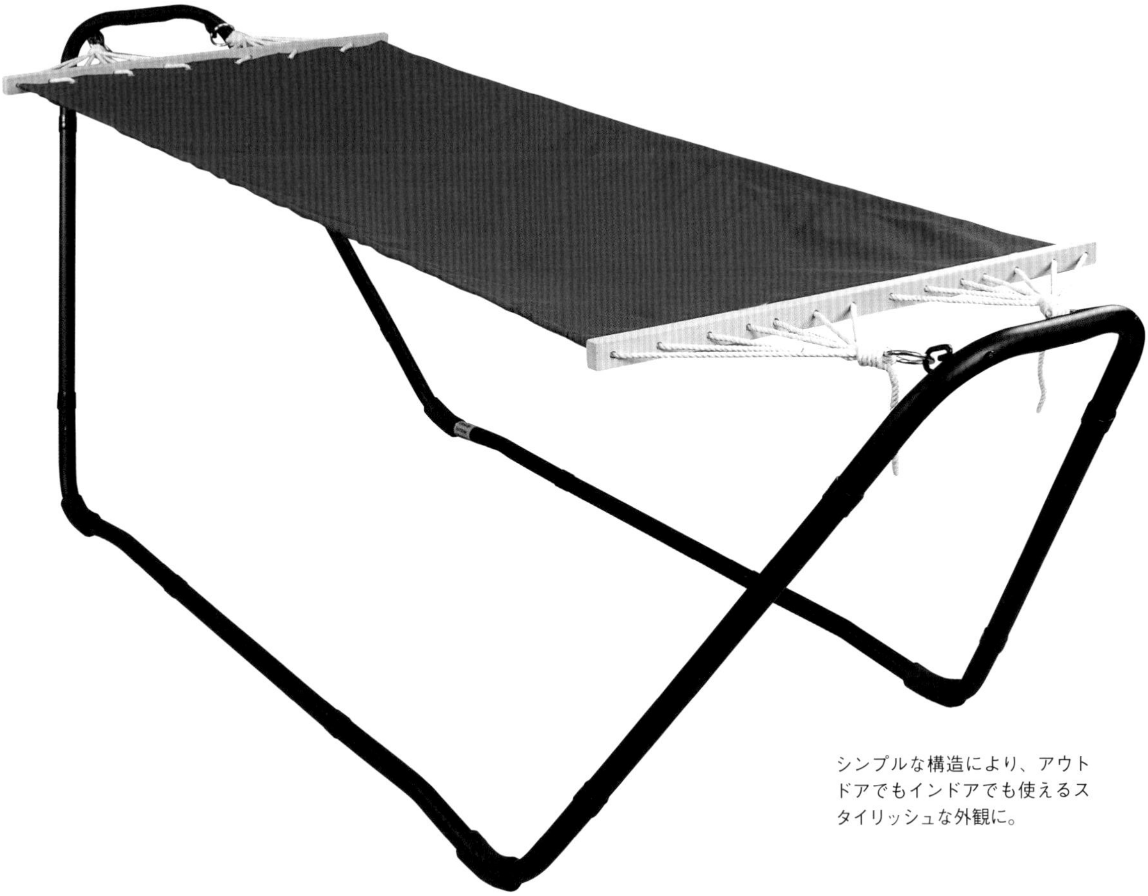

シンプルな構造により、アウトドアでもインドアでも使えるスタイリッシュな外観に。

と回転してしまい、転げ落ちるおそれがある。アメリカの漫画などでもおなじみのハンモックにつきもののアクシデントである。これではリラックスどころか、安心して寝ることはできない。

その対策として、オンウェーは、両側をそれぞれ2カ所で吊ることにより、シートを「ベッド」に近いフラットな状態にして寝られる形を考案した。従来のたるみのあるハンモックほど背中も曲がらないため寝心地も良く、何より安心して使える。

また、収納・携帯しやすいよう、左右のフレームをそれぞれ3つのパーツに分離できる構造にしているのだが、最大のポイントは、独特の角度に曲げた底部のフレームだ。市場でよく見かける同タイプのハンモックでは、補強バーを使っているが、フレームの形状のみで補強機能を果たすことによって、シンプルで美しい外観を実現したのだ。もちろんシンプルな分、重量も軽く、収納もコンパクトである。

Compact Bed ID-200

コンパクトベッド

自立収納できる 折りたたみベッド

「四つ折りにたたんだ状態で自立できるベッドができないだろうか？」。折りたたみベッドといえば「二つ折り」が主流だったこの頃、折りたたんだ時のサイズは開発の課題だった。二つ折りでは、やはりそれなりに大きく、収納や車載にもスペースを要するのだ。オンウェーは、これを四つ折りにすることで、解決した。収納時のサイズがぐんと小さくなるだけでなく、壁などに立てかけなくても製品自体で自立するので、より使い勝手が良い。もともと病院で入院に付き添う家族のために開発したこのベッドは一時期話題になったものの、オンウェーは病院関係に販売ルートを持っていなかったため、販売を中断してしまった。広く流通できていれば、病院に限らず、徹夜の多いオフィス、そしてもちろんアウトドアでも大いに活躍しただろう。

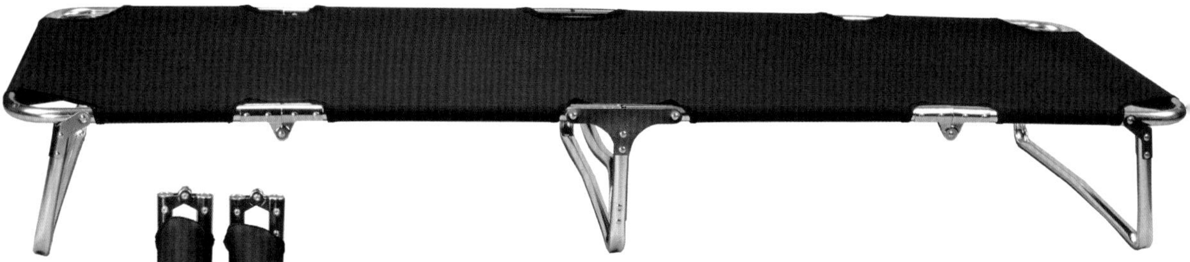

二つ折りだと収納時の高さはベッド全長の1/2だが、四つ折りなら1/4になる。しかも自立するので様々な場所で使いやすい。合理的でコンパクトな構造だ。

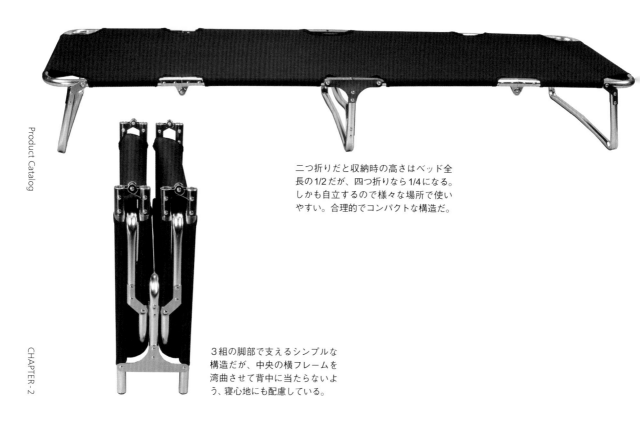

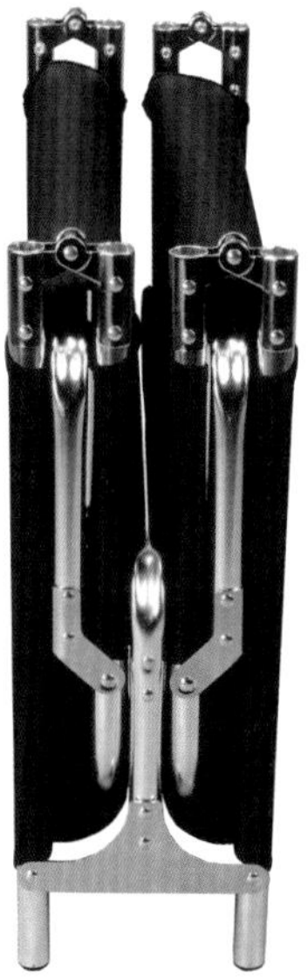

３組の脚部で支えるシンプルな構造だが、中央の横フレームを湾曲させて背中に当たらないよう、寝心地にも配慮している。

Rocking Chair ID-62

ロッキングチェア

アメリカ、バイヤー(Byer)社の木製グライダーチェアをモデルとした。

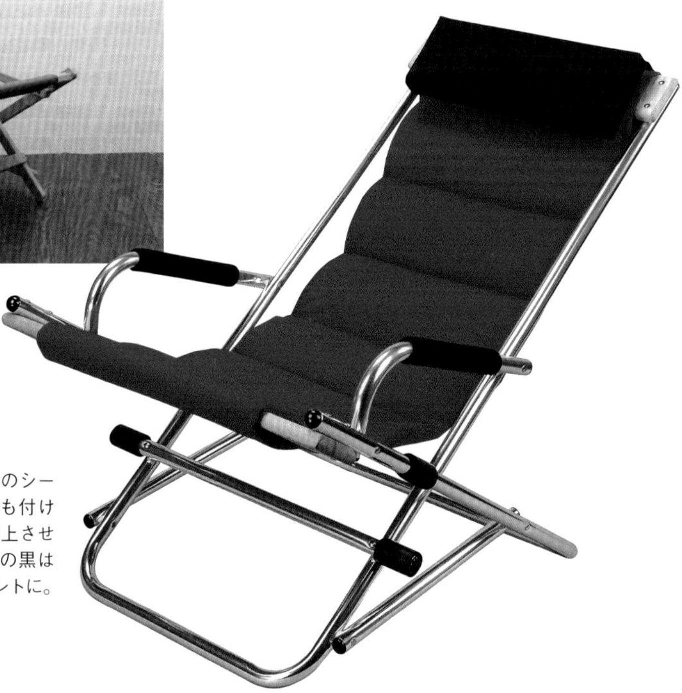

右：スポンジ入りのシートにヘッドレストも付けて、座り心地を向上させた。ヘッドレストの黒は見た目にもアクセントに。

下：ゆったり座れて、かつコンパクトにたためる機能性にも妥協がない。

アルミパイプでモダンに生まれ変わった ロッキングチェア

アウトドアファニチャーでのロッキングチェアは、足元のスレッジ(そり)で椅子全体が動く「揺り椅子」ではなく、座面のみが前後に動く「グライダーチェア」と呼ばれるタイプのこと。このタイプのロッキングチェアも、木製では昔からあったのだが、オンウェーは、これをアルミパイプでリメイクすることに挑戦した。

既存のロッキングチェアの、パイン材フレームとキャンバス地のシートを、金属パイプのフレームとクッションシートに替えて、まったく新しいイメージのロッキングチェアを開発したのだ。シートは、前年に開発したリラックスチェアの全面スポンジ入りシートを活用。フレームは、美しく軽量なアルミ合金を採用。現在から見ると大きめのサイズだが、三菱パジェロなど大型高級SUV車が人気を誇った当時ならではの、デラックスなスタイルである。赤と黒、アルミ合金の光沢に木製部材を組み合わせたイタリアン・ファニチャー風の都会的な外観は、オンウェーの通販モデルシリーズに共通のテイストだ。

Slim Director Chair OW-570B

スリムディレクターチェア

上2点：Ｌ字型の肘掛けによって座面の沈み込みを抑えた。肘掛けと前脚を固定する留め具は、折り畳み傘のシャフトを伸ばす仕組みと同じボールロック方式。

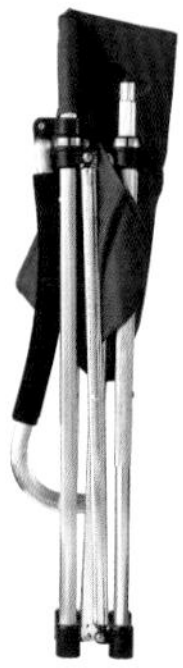

右：コンパクトに折りたためるのが、中央収束型の利点だ。

座面の沈み込みをどう抑えるか？
中央収束型チェアの課題への挑戦

フォールディングチェアの中でも、フレームを中央にまとめて一つの「束」状に折りたたむ方式は、「中央収束型」と呼ばれる。コンパクトにたためるのが利点だが、「座面に荷重がかかると沈む」という構造的な欠点がある。座った人の体重によって座面が自然に沈み込むため、どうしても左右開閉型ほど安定した座り心地を得られないのだ。

改善策として考えられるのは、脚部フレームの中心方向への動きを防ぐ構造、つまり水平のフレームを突っ張り棒にする方法だ。このOW-570Bでは、肘掛けを「突っ張り棒」役とした。Ｌ字型の肘掛けを、背側フレームに可動ジョイントで接続し、前脚にボールロックで固定する仕組みである。肘掛けが垂直フレーム４本を固定、特に前後への動きを制御することで、座面の沈み込みを抑えている。収納時に肘掛けの収まりが悪いこと、垂直パイプ同士の接続とロックの方法など課題は残るが、椅子としては成り立つ。「沈まない」中央収束型チェアという命題の、一つの回答案である。

Folding Wagon ID-700

フォールディングワゴン

インドアでも活躍する
折りたたみワゴン

この頃のオンウェーは、日々、工場にある素材を使って何か新しいものを開発できないかと試行錯誤していた。アイデアを描き出したスケッチを元に、個性的な技術者たちが、その職人気質を発揮していたのだ。そうした中で、折りたたみテーブルの部材を活用したこのワゴンも誕生した。

ユーザーのターゲットも未定なまま開発が進み、製品化されたのだが、今見ると、アウトドアに限らずインドア…リビングやオフィス、またカフェなどでも大いに活躍しそうな機能と出来栄えである。厚みのある天板と棚板のしっかりとした構造ながら、コンパクトに折りたためる鍵は、棚板が二つに折れて天板下に収納できる仕組みだ。オンウェーの目指す、合理的な構造と美しさの追求が結実した製品の一つである。

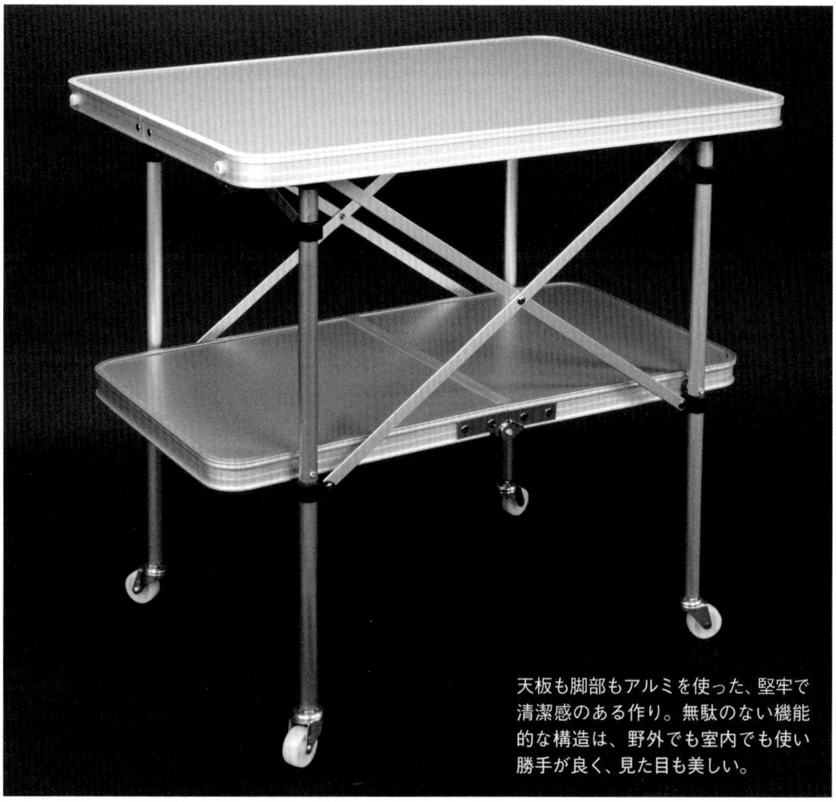

天板も脚部もアルミを使った、堅牢で清潔感のある作り。無駄のない機能的な構造は、野外でも室内でも使い勝手が良く、見た目も美しい。

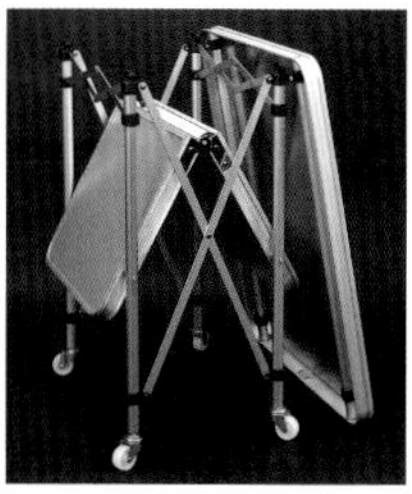

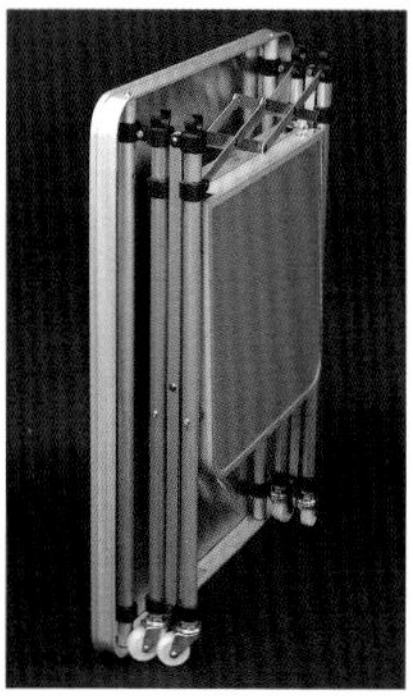

上：クロスバーで脚部を閉じながら、棚板を中央から二つ折りにしてたたむ仕組み。

下：倒した天板の裏側に、たたんだ脚部と棚板がコンパクトに収まる。

Four Folding Table OW-180

フォーフォールディングテーブル

独自開発のロングヒンジが可能にした
四つ折り180cmテーブル

「テーブルは二つ折り」の常識を見直す

100年以上の間、「折りたたみテーブルといえば二つ折り」という時代が続いていた。より広い天板のテーブルが欲しければ２台並べれば良いという考えが、長らく常識だった。しかもアウトドアユースでは、車載スペースの限界から、テーブルにしろ椅子にしろ、サイズはおのずと限られてくる。誰も、もっと大きな天板のテーブルを作ろうなどとは考えなかったのだ。

しかし、テーブル２台を持ち運び、開き、たたむより、１台で済む方が格段に便利なのは言うまでもない。問題は、テーブル２台分をどう組み合わせるか、そして２台分の長さの天板をどうたたむかだった。当初は２台のテーブルをつなぎ合わせただけの形だったが、合計８本になる脚は、どこかが浮いてしまうことになる。そこで現場との相談で６本に

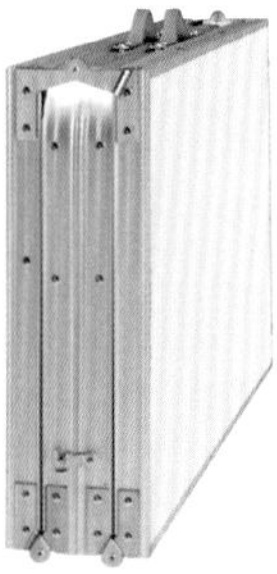

脚部を天板裏に倒した後、両側の天板を中心側へ折り込む。左右２枚重ねになった天板を中央から二つ折りして収納。

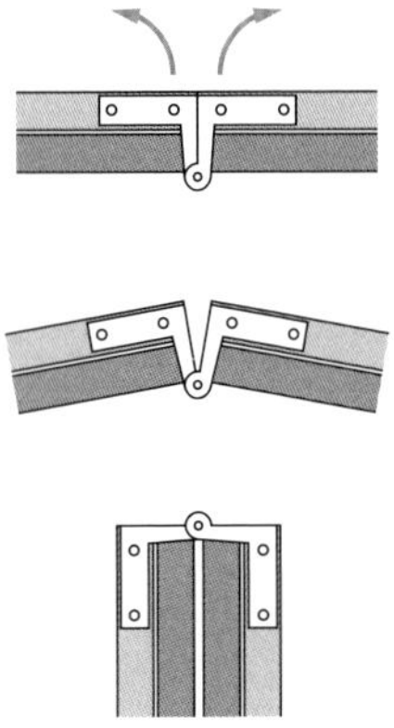

左：開けばテーブル２台分の大天板、たためば１台分のコンパクトサイズ。これを実現したのがロングヒンジという小さなパーツだった。

右：ロングヒンジの発明により、２枚重ねの天板同士を二つ折りすることが可能になった。

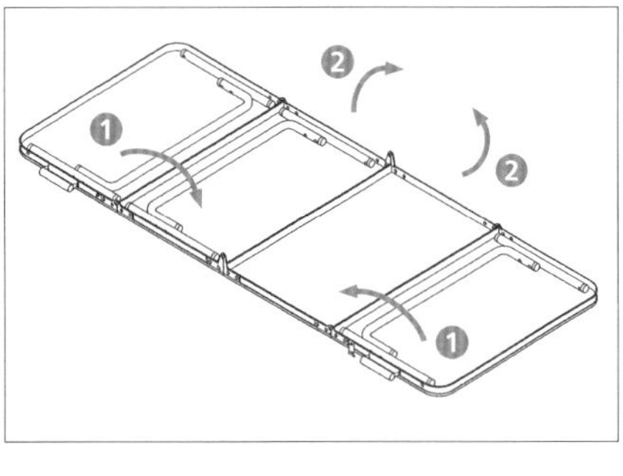

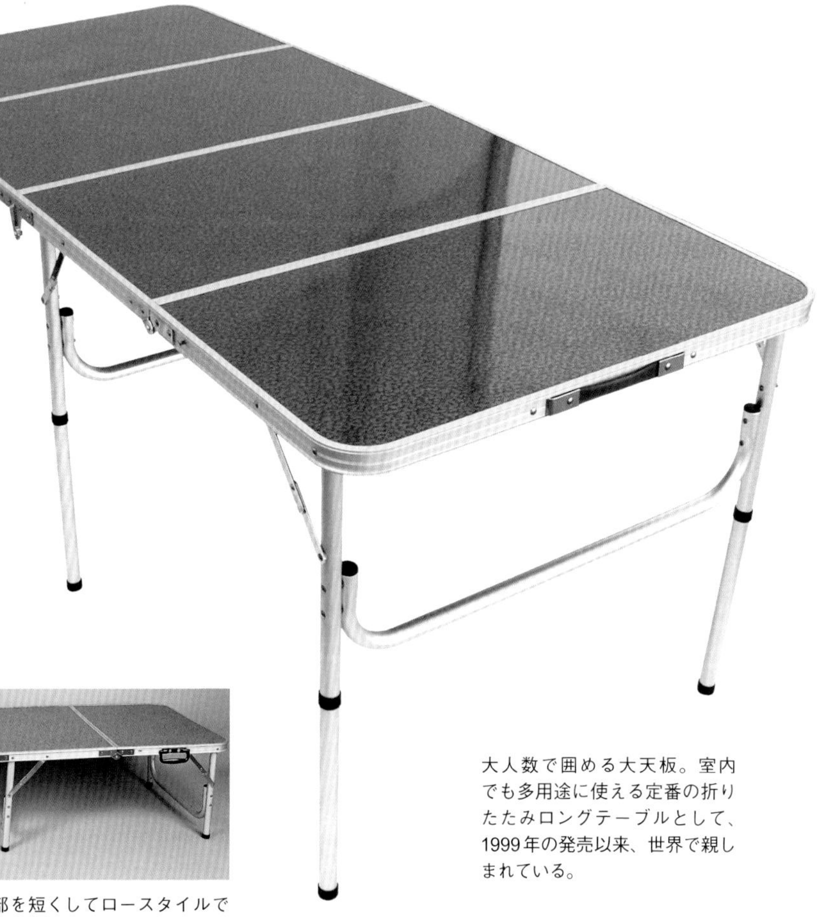

脚部を短くしてロースタイルでも使える2ウェイ仕様。

大人数で囲める大天板。室内でも多用途に使える定番の折りたたみロングテーブルとして、1999年の発売以来、世界で親しまれている。

減らし、よりシンプルな構造にすることで解決した。

ロングヒンジの発明で四つ折りを実現

しかし最大の課題は、テーブル2台分の天板を持ち運びできる大きさにたたむことである。天板を二つに分けてたたむのでは手間がかかる。シンプルな動作で四つ折りにする工夫が必要だった。そこでオンウェーが独自開発したのが「ロングヒンジ」だ。4分割の天板を連結する3対のヒンジ（蝶番）のうち、中央の1対の回転部分を長く伸ばしたのだ。このヒンジなら、図のように左右それぞれ二つ折りして倍の厚さになった天板を、「分厚い1枚の天板」としてたたむことができる。できてしまえば単純にも思える理屈だが、それまで誰も気づかなかった仕組みだった。

ロングヒンジの発明で実現した長さ180cmの折りたたみ大テーブルは、グループや家族で囲める多人数用テーブルの定番として、発表以来、世界中で愛用されている。

1999

Portable Cooking Table OW-N175

ポータブルクッキングテーブル

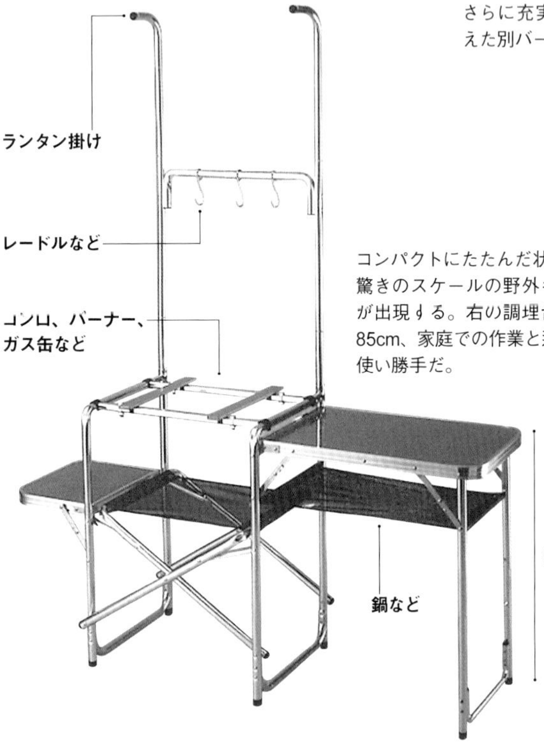

コンパクトにたたんだ状態から、驚きのスケールの野外キッチンが出現する。右の調理台は高さ85cm、家庭での作業と遜色ない使い勝手だ。

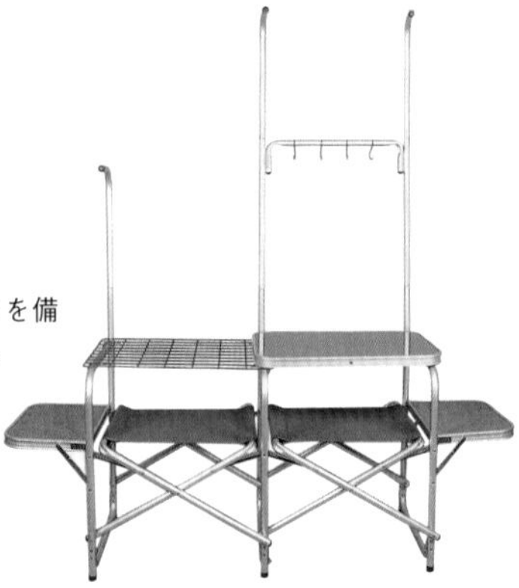

さらに充実したスペースを備えた別バージョンも用意。

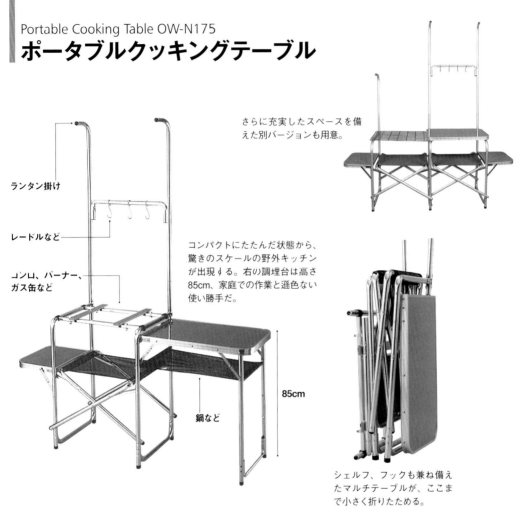

シェルフ、フックも兼ね備えたマルチテーブルが、ここまで小さく折りたためる。

アウトドアに持ち出せる
キッチンスペース

アウトドアレジャーのメインイベントは、なんといってもバーベキューなどの野外料理だろう。1999年に発表したこのフォールディングテーブルは、そんなアウトドアでのクッキングを最大限に楽しむためのファニチャーだ。折りたたんだ状態はコンパクトながら、大きく展開し、２口バーナーを置けるコンロ台を中心に、上にはランタン用のフック、レードルなど調理器具用のフック、左右には調理台や調味料置き場になる天板、その下には鍋やまな板も置ける棚が現れる。発想の元になったのはサイドテーブル付きのデイレクターチェアだった。両サイドにテーブルが付く折りたたみ椅子から、どこへでも運べるポータブルキッチンへとアイデアが膨らんだのだ。この時期のオンウェー製品の中でも、とりわけ個性的で多機能な１品である。

Picnic Table Set OW-8282
ピクニックテーブルセット

逆転の発想で大ヒットに。
アルミ製のオールインワンセット

テーブルとスツールが一体になったオールインワンセットといえば、
当時、1,980円前後のプラスティック製だった。
それをオンウェーはアルミ素材で作ったのだ。
当然、価格は1万円をゆうに超える。
発売前は、いったい誰が買うのかと笑われさえしたのだが、
世界各地で大ヒットとなった。

スツールから考える「下から上へ」の発想

もともとオンウェーの製品には、アルミ製のスツールがあった。その上にテーブルを組み合わせてみよう、というのが開発のきっかけだった。というのも、当時、この種のオールインワンセットは、安価なプラスティック製のものが市場を席巻していたのだが、決して堅牢とはいえなかった。体重のある大柄な人が座ると壊れる恐れさえあったのだ。その上、そもそも小ぶりな作りであるため、テーブルとスツールの間に太腿が入らないことさえあった。

スツールは、人が身体を預ける道具であるからには、安心して座れることがまず優先されるべきだ。それを前提に、まず椅子として十分な堅牢性のあるアルミスツールをベースに据えて、安全で良質なオールインワンセットの開発が始まったのである。この種の製品の場合、上から下へ、つまりテーブルを先に考える人も多いが、オンウェーではしっかりとした土台、すなわちスツールありきの「下から上へ」の発想だった。

軽さと堅牢性。相反条件への挑戦

スツール4脚とテーブルを一つに合わせ、それをアルミで作るとなると、なんといっても最大の問題は重量である。アウトドアで使えるものにするには、容易に持ち運べなければならない。一方で、収納ケースを兼ねるテーブル天板は、スツール4脚を入れて運べるだけの強度は必要だ。軽さと強度、この相反する条件をいかにクリアするかが課題だった。最初にアルミ板で作ってみたが、20キロもあるアルミの塊のようなもので、持ち上げるのも困難なほど重かった。

解決のきっかけは、ちょうどこの頃、とある建材メーカーの展示会で偶然目にしたアルミの外壁材だった。それは2層のアルミシートの間に

樹脂層をはさみ込んだ３層構造の板で、見た目は１枚のアルミシートだ。丈夫でかつ高級感と清潔感を備えたこのアルミ複合材を、テーブル天板に好適ではないか。建材メーカースタッフのけげんな面持ちをよそに、外壁用の建築材をファニチャーに活用するという、まったく新しい試みにチャレンジすることとなった。

しかし、アルミ複合材を採用してもなお、最初の試作品は20キロ以上にもなり、持ち歩ける重さではなかった。堅牢性を保持しつつ、どこまで軽くできるか。スツール同士をつなぐパイプ、天板を支えるパイプ、天板そのものの厚さ…すべての部材を100分の１ミリ単位で削りながら調整するという、気の遠くなるような作業が続いた。

最終的に、４人座ってのスツール座面が耐荷重400キロ、天板は耐荷重20キロという強度を持ち、かつ総重量を11キロ強のオールインワンセットが誕生した。10キロ以上の減量を達成したのだ。

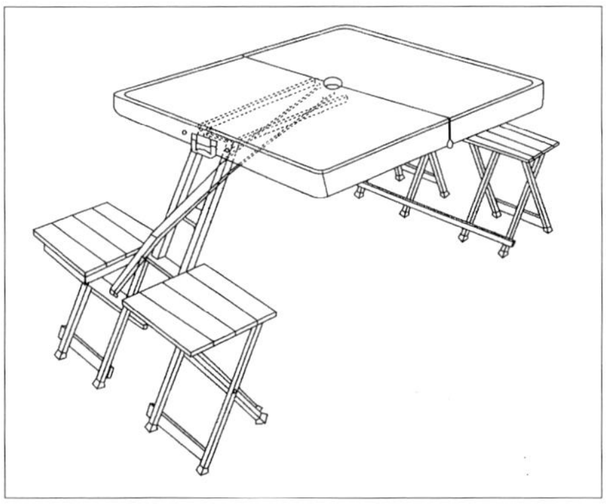

天板を支える角パイプは、厚みを削る代わりに内部に松材を入れて補強。軽さと強度を両立する工夫が各所に施されている。

ゆったり、かつ安定した座り心地で、高級感もある。

発売直後から大ヒット商品となり、世界各地のレジャー施設でも見かけるように。その後10年に及ぶロングセラーとなった。

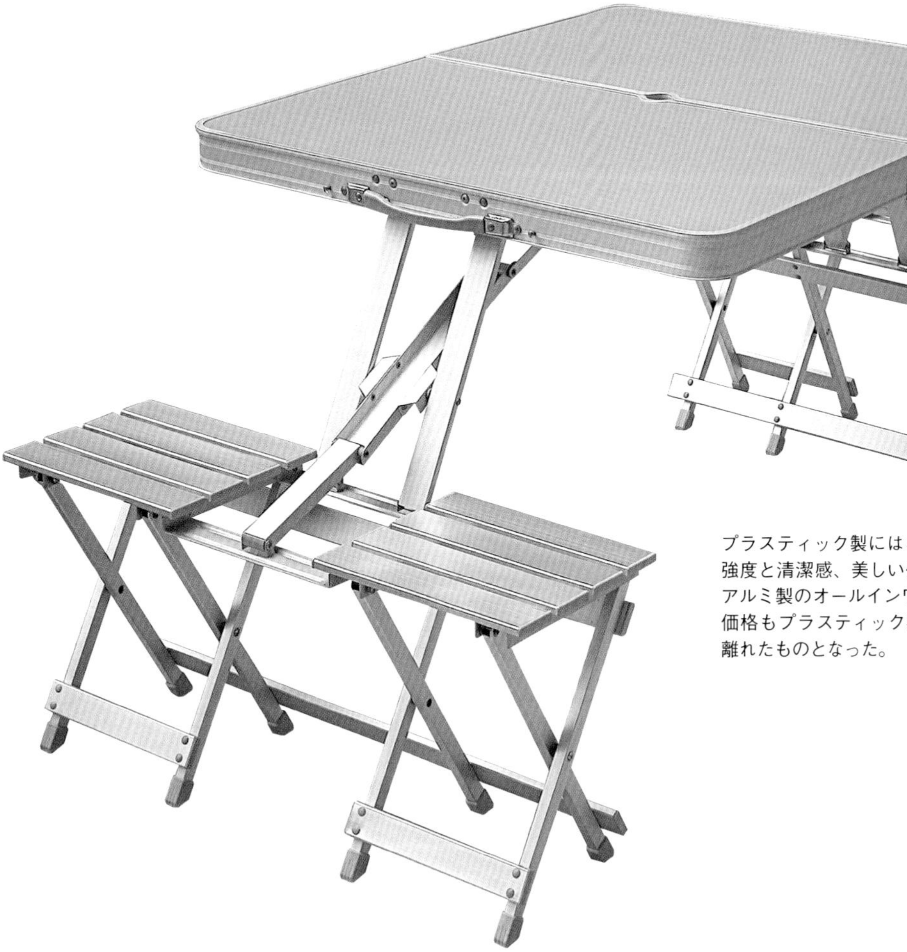

プラスティック製にはない十分な強度と清潔感、美しい外観を持つアルミ製のオールインワンセット。価格もプラスティック製とはかけ離れたものとなった。

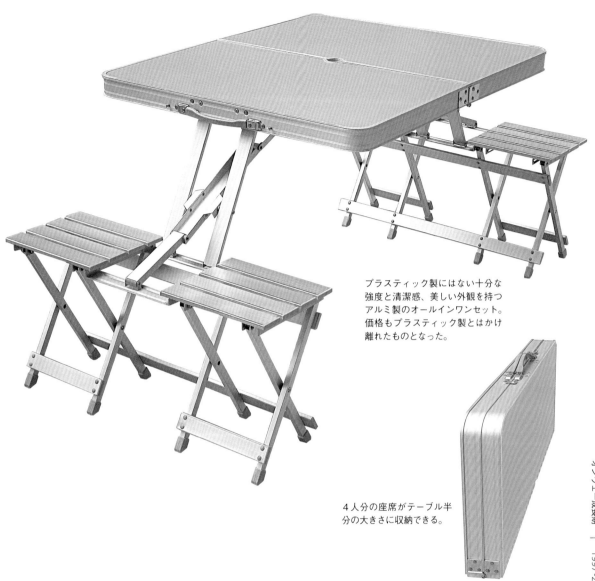

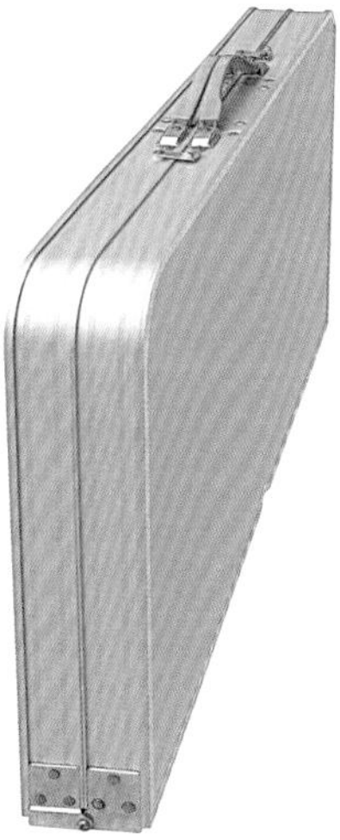

４人分の座席がテーブル半分の大きさに収納できる。

ジンクスを破る大ヒット

開発には成功したが、アルミ製オールインワンセットは、プラスティック製と比べるとはるかに高額だ。いかに高品質といえどもユーザーに受け入れられる確証はなかった。得意先の営業からも、1万5,000円という販売価格に「誰が買うんですか？」と失笑を買う始末だった。

ところが、いざ発売してみると、店頭に並んだ翌日「すぐに５台売れた」という報せが入った。以後、２年間にわたり大ヒットを続け、さらに10年後まで世界各地で売れ続けた。良いものであれば消費者は認めてくれる。今でこそ高品質・高額のアウトドア用品は支持を得ているが、このピクニックテーブルセットこそが、「アウトドア業界で高額商品は売れない」とされていたジンクスを打ち破ったのだ。

Outdoor Ping Pong Table OW-145

アウトドアピンポンテーブル

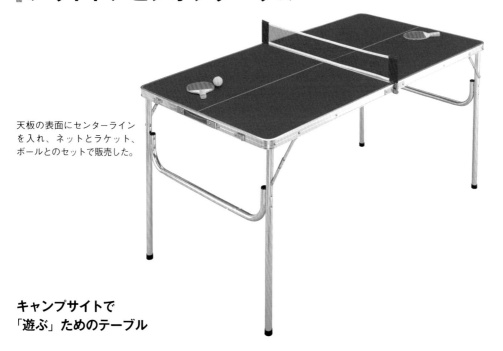

天板の表面にセンターラインを入れ、ネットとラケット、ボールとのセットで販売した。

キャンプサイトで「遊ぶ」ためのテーブル

「日本のキャンプに、遊びを導入してはいかがですか？」 ある大手デパートの外商部長と話す機会があった際、こう提案された。アメリカでの生活が長く、キャンプが大好きという彼によれば、アメリカでは家族や友達とワイワイにぎやかに楽しむのがキャンプだと。バーベキューが出来上がるのを待つ間、子供達は走り回ったり、キャッチボールをして遊んで過ごすことが多いという。対して日本のキャンプサイトでは、周囲のグループの迷惑にならないよう静かに過ごすことが多いのだ。キャンプ自体が「遊び」ではあるのだが、食事と焚き火以外はこれといってやることがない、手持ち無沙汰になりがちというのも事実である。そこに「遊び＝レクリエーションを取り入れては？」という提案なのだ。

しかし、特別な道具を使う遊びでは余計な荷物も増えるし、収納の問題もある。そこでテーブルに着目し、開発したのがこのピンポンテーブルだ。本格的な卓球台にはサイズや反発性に厳しいルールがあり、堅い板を使う必要がある。そうなるとテーブル自体が重くなり、持ち運びに適さない。基本は、あくまで軽量で持ち運びやすいキャンプ用テーブル。ネットを張るだけで卓球が楽しめる。天板はあえてあまり弾まない仕様にして、上級プレイヤーも初心者も一緒に楽しめるようにした。もちろん遊びが終わったら、普通のキャンプテーブルとして利用できる。

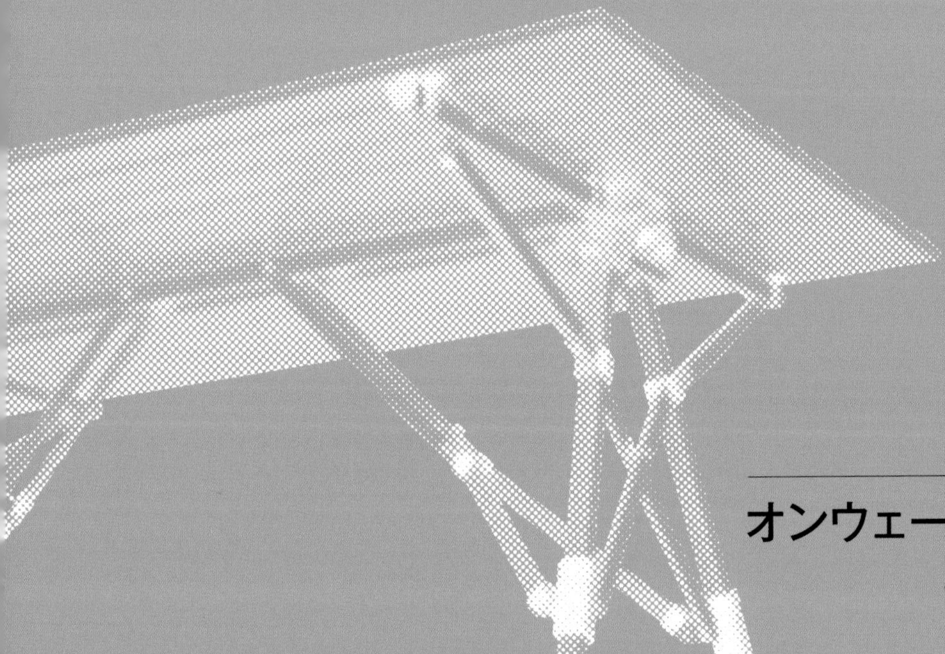

CHAPTER 3

オンウェー高度成長期 2001 - 2012

社会的背景

アウトドアブームの停滞

低迷期が続くアウトドアレジャー

21世紀に入っても、アウトドアシーンを取り巻く社会的な背景は、
第2章で記したような状況が続いていた。ただし、キャンプ人気が停滞する中、
水面下で「携帯電話」という新しいギアにより、
社会全体に変化が起きつつあったことも事実だ。

底流としての静かな変化、携帯電話の進化

パソコンとインターネットの普及によって、若者がインドアでの娯楽に惹きつけられる傾向は、この時期にも続いていた。が、同時にさらに新しいギアが人々の生活に浸透してきたことも見逃せない。右ページに示すように、携帯電話がそれ自体の進化とインフラの整備という潮流に乗って、私たちの生活に急速に浸透してきたのである。この携帯電話の普及は、後に起きる第二次アウトドアブームの下地を作ったと言っても過言ではないだろう。

とはいえ、キャンプ場はまだまだ利用者数が落ち込んだまま。続く低迷期の中ではあったが、メーカーの努力も続き、良い意味での淘汰も見られた。そしてこの時期こそ、オンウェーにとっては高度成長期であった。オンウェーが遂げたこの飛躍については、後のページに譲ることとする。

モバイルと社会、アウトドアレジャーについての考察4　column

日本の携帯電話事情とアウトドアブーム

ガラケー（ガラパゴス携帯）と呼ばれ、世界の趨勢から取り残されて消えゆく運命にある日本のフィーチャーフォンだが、世界の最先端を走り、日本を席巻したのはそう遠い昔ではない。

1999年、世界に先駆けて携帯電話を使ったインターネットサービス「iモード」「EZweb」がスタート。同年、世界初のカメラ内蔵携帯が発売され、2001年には世界初3Gサービスが開始。PCと同じポータルサイトでニュースの閲覧や検索、ブログや掲示板への投稿も可能になり、PCとほぼ同等のサービスが使えるようになった。

2004年には3Gスマートフォンが登場、07年にMVNO（格安SIM事業者）に関するガイドラインが改定され、新規参入が促進されるようになった。そして08年、iPhone（3G）の上陸によって、一気にスマートフォンが普及する。

こうした流れを見ると、ネット、カメラとの融合はフィーチャーフォン全盛期から始まっており、魅力的なツールとして、人々のアウトドア離れに拍車をかけたと言える。しかし一方で、アウトドア低迷期に進んだ通信技術とインフラの発達は、来るべきSNS社会への、いわば露払いの役を果たしたとも言えるのではないだろうか。

日本における携帯電話・PHS 加入数の推移

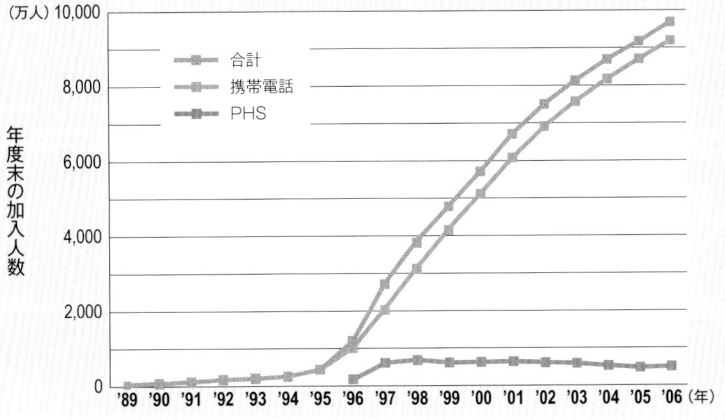

graph by Freddy　WikiMedia Commonsより
総務省の報道資料 より

淘汰と集中

低迷期後半の市場を席巻した二大ブランド

**アウトドア人気が低迷した15年ほどの間、後発企業が次々と撤退する中で、地歩を固めていったのはやはり専門ブランドだった。
とりわけ低迷期後半、オンウェーにとっては高度成長期でもあった2001〜2012年は、後の市場を牽引する二強ブランドの時代に移っていった。**

一強から二強の時代へ

アウトドア低迷期の前半1997〜2000年、ブーム時に異業種から参入した企業の多くが撤退してゆく中で、市場をリードしたのは老舗専門ブランドのコールマンだった。しかし21世紀に入ると、そこに強力な存在感を放つ新たなブランド、スノーピークが登場する。低迷期前半をコールマン独走期とするなら、この時期はコールマンとスノーピークの二強時代と呼べるだろう。

世界の覇者　コールマン

アメリカ本社のグローバル戦略として、ハイエンド層、ヘビーユーザー層、そして入門・初心者層までを対象とし、全市場を網羅するという方針があった。この方針に基づいて、従来のスポーツ専門店やアウトドア専門店から一転してホームセンターでの販路を広げ、幅広い層のユーザー獲得に乗り出したのだ。

同社のアウトドアファニチャーは、ハイエンド層向けの「マスターシリーズ」をはじめとして、ヘビーユーザー層向けのユニークでハイクオリティな商品、そして初心者向けの「とりあえず」ニーズの低価格商品群と、オールラウンドなラインナップを展開。一気に市場占有率を拡大し、多くの人が「アウトドアブランドといえばコールマン」と認識するほど知名度でも国内トップとなった。

新興の王者　スノーピーク

ハイクオリティな商品で、ユーザーの関心や感動を呼び、共感と納得を得てきた。「スノーピークウェイ（Snow Peak Way）」というキャンプイベントを通して「人と自然をつなぎ、同時に人と人とをつなぐ」という野遊びのコンセプトを提唱。熱心なファンの獲得に力を入れた。そのコンセプトに賛同するファン、とりわけ「スノーピーカー」と呼ばれる熱狂的なユーザーの支持を背景に、ハイエンドブランドとしての地位を確立した。

2001年〜2012年のこの時期には、次々とクオリティの高い新商品を打ち出し、ファニチャー以外にもテントや調理器具などもその品質の高さで評価を得ている。特にテント以外は全て日本製を堅持し、「永久保証」と「メイドイン燕三条」にこだわるものづくりの姿勢は、多くのユーザーの信頼を得た。テントからカップまで全てをスノーピーク製品で揃え、それを誇り、自慢するキャンパーも多い。

低迷期ならではの進化と変化

人気の低迷が続いたことで、キャンプ用品はより敏感にユーザーのニーズを反映した開発を迫られることになる。この時期のアウトドアファニチャーが完全に日本のユーザーに合わせた「日本仕様」で開発され、販売されていたのも、そうした事情によるものだろう。特に椅子やテーブルの随所に、省スペースや清潔感など、日本の生活文化を反映した要素が見られる。また、ファミリー中心からグループ、親子でのキャンプへと多様化したキャンプスタイルも、様々なギアに変化をもたらした。

こうした変化を背景に、2001〜2012年のアウトドアファニチャーには、以下のような特徴が読み取れる。

「アルミ素材＝高級品」イメージの広がり

第一次ブーム期には様々な素材が使われていたが、低迷期に入り淘汰され、「軽量で加工しやすく、清掃も容易だが一方で比較的高価」なアルミ素材が広範に使われるようになる。アルミのファニチャーを高級品とする認識は、この時期、一般的になっていた。

オールインワンセットの人気

椅子とテーブルのオールインワンセットが、花見やファミリーキャンプの最小限の道具として、この時期人気となった。ケース状にたたんだテーブルに椅子やベンチを収納するタイプ、逆にベンチの中にテーブルを収納するタイプ、使用時に座具とテーブルが連動して展開する一体型などが話題となった。

バーベキュー用ファニチャーの進化

従来はキャンプサイトでの「キッチンテーブル」として調理専用の折りたたみテーブルが主流だった。が、この時期、テーブルにグリルラック装着用のスペースを設けたテーブルが登場。バーベキュー以外の時はグリルラックを裏返せばフラットな天板となり、テーブルとして使えるという新しい発想である。

メラミン加工のテーブルに高い支持

それまではロール型天板が主流だったテーブルが、この時期になるとフラットな天板を求める声が増え、メーカー各社はフラット天板タイプをラインナップとして打ち出すようになった。中でも急速に人気が高まったのがメラミン加工板だ。メラミン加工板とは、通常の合板の表面にメラミン樹脂を含浸させ、高温、高圧を加えて乾燥させて作る。高い撥水性はもとより、濡れても膨張しない、汚れが落としやすい、表面の硬度・摩擦耐性ともに高く傷つきにくい、防火性に優れるなどの特長から、従来、住宅のキッチンや浴室に使われてきた。その特性が、アウトドアでも支持されるようになったのだ。

リラックス重視の大型チェアにシフト

アウトドア、特にキャンプ用の椅子は、野外での使用や携帯が前提であり、様々な制約があるからには「座り心地が悪くてもしかたがない」という認識が、この時期までは一般的だった。それが、野外で自然を満喫するために出かけるのだから、「リラックスできる椅子が欲しい」という価値観に変わってきたのだ。小さく、窮屈なキャンピングチェアから、座り心地重視、リラックスタイプの大型チェアが注目され、ニーズがシフトした。

column

オールインワンの原点となった
「幻のテーブルセット」
ランズ　ベンチインテーブル

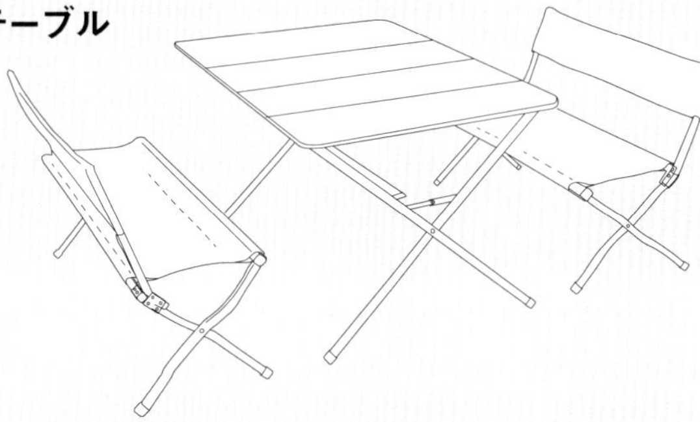

日本で初めてテーブルベンチセットを発売したのはカーメイト社だ。1996年にカーメイト社のランズスポーツ事業部から発売された「ベンチインテーブル」が、日本国内で初めてのオールインワン・ファニチャーである。

折りたたみベンチ2脚を4枚の天板からなるテーブルに収納する、すなわち4枚繋がった天板を四角い筒状に丸めて、ベンチ2脚をその中に収納する仕組みだ。その大胆な発想だけではなく、優れた天板構造を持つテーブルが評価された。市場に出される前から業界で話題となっていたが、15,000円という売価には「いったい誰が買うのか」という、否定的な感嘆の声が大きかった。材料や複雑な構造を考えればコストがかかるのは当然で、決して高いとは言えないのだが、市場価格2,000～5,000円の商品が圧倒的に多い時代だったのだ。それが実際には、発売後、すぐに売り切れという人気だったのである。ところが、コスト計算のミスにより売れるほど赤字となったため、メーカーは二度と作らなかったと噂されている。

画期的ながら短命に終わった製品だが、このベンチインテーブルこそが、時を経て、この2001年～2012年頃に多数作られるようになったオールインワン商品の生みの親なのである。短期的、収支的には失敗だったかもしれないが、社会的意義は大きい。その価格も構造も、まだ未熟だった1996年の日本のアウトドアシーンには早すぎたのかもしれない。

アウトドア低迷期後半（2001〜2012年）の注目ファニチャー

低迷とされながらも、底流で様々な変化が起こる中、
業界をリードした前記２社の、この時期のキーとなる製品をピックアップしておこう。

コールマンジャパン

170-5667 イージーリフトチェア

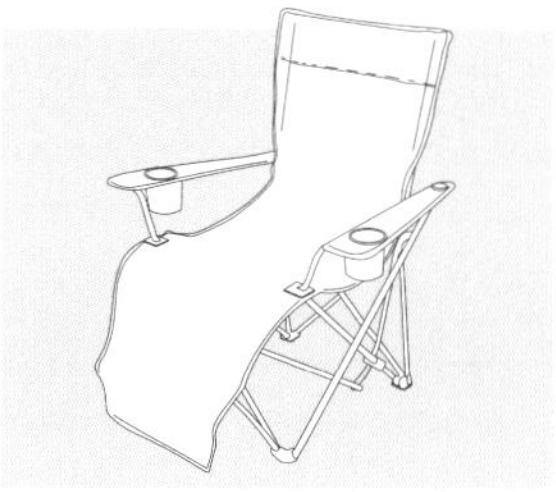

座ったまま背もたれを後ろに軽く押すだけでリクライニング角度をロックできる、大型サイズのリラックスチェア。

170-7524 アルミロールトップテーブル

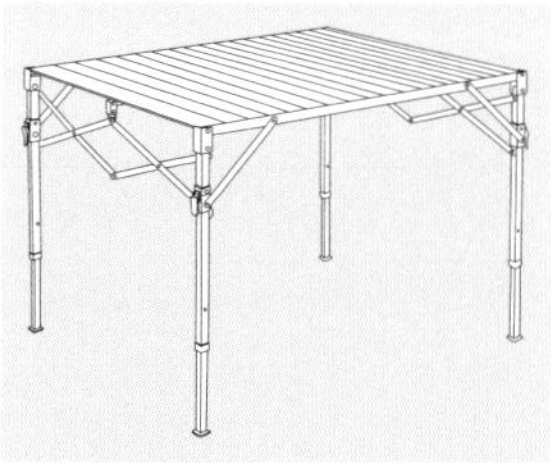

ユニークな脚部構造をもつテーブル。

170-7529 ピクニックベンチセットⅡ

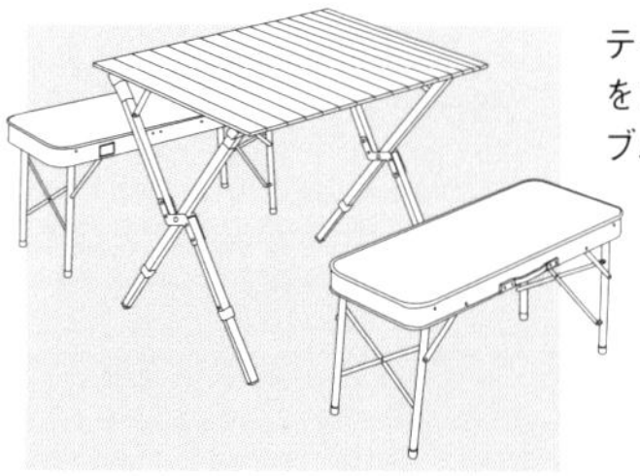

テーブルの安定性をアップしたテーブルベンチセット。

170-7587 スリム四つ折りテーブル

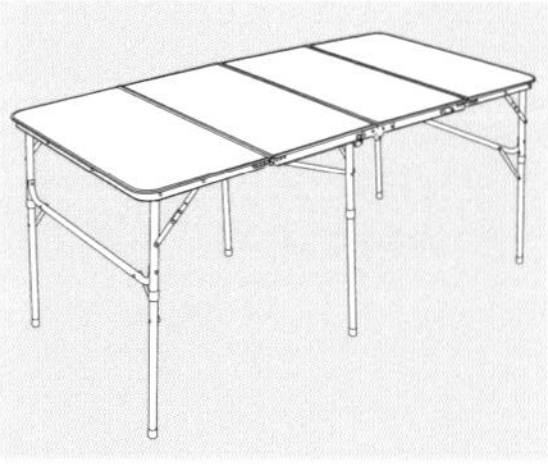

折りたたむ際、天板の縁が重なるような形にすることで、従来品の半分の厚みにした薄型収納。

スノーピーク

ワンアクションテーブル

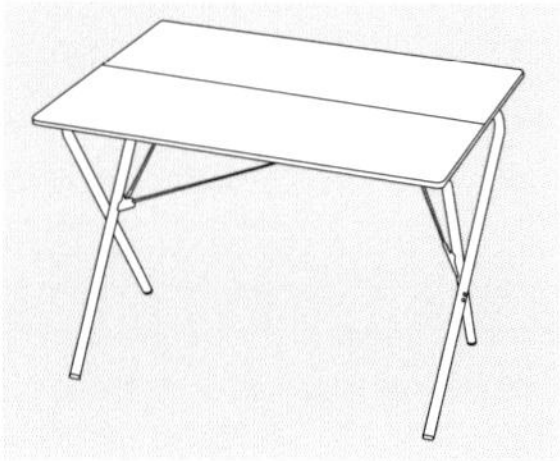

画期的な開閉システムを備えたテーブル。

Take! チェア

竹の特性を活かしたチェア。第２章（p.47）でも触れた同シリーズは、この時期も存在感を放っていた。

スノーピークチェア

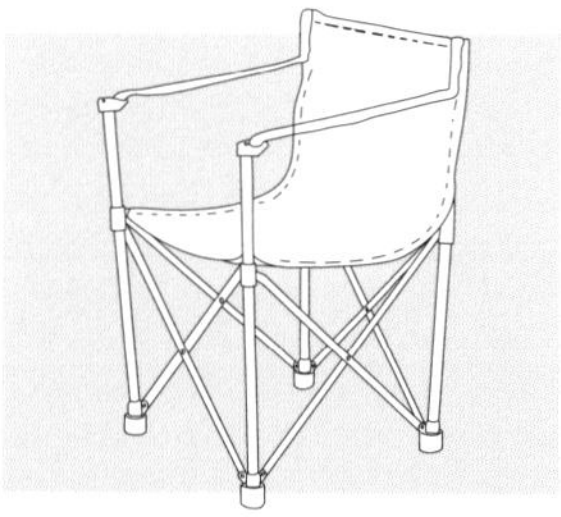

中空構造のＤ型フレームで、脚部構造の安定性を確立した。

スノーピークコットハイテンション

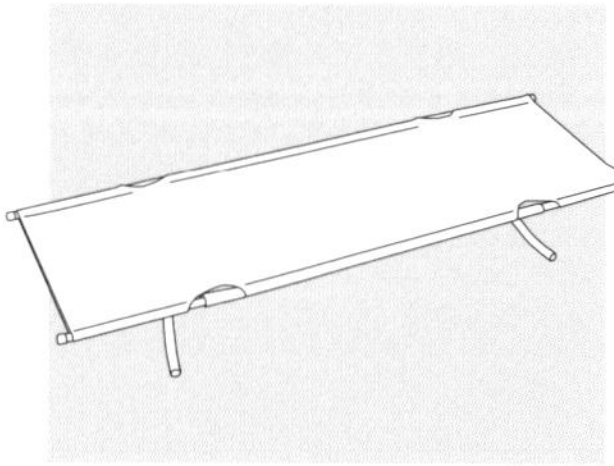

寝る人の自重に合わせてコット全体が最適なテンションを持つ仕組み。

オンウェーの歩み
1

業界低迷期での急成長

活発化する制作、深化するものづくり

未だアウトドア業界の低迷状態が続く中ではあったが、
21世紀最初の10余年は、オンウェーがいよいよ本格的に走り出した時期だった。
大ヒットとなったデイレクターチェアを始めとする製品の数量だけではない。
機能と美しさの両立という開発ポリシーが、いっそう深化し、純化したのだ。

高度なメカニズムを追求

激減したアウトドア人口が横ばいの時代、各社が生き残りをかけて製品開発をする中で、日本のアウトドアファニチャーは多様化し、高い機能性が求められるようになる。もはや既存のモデルでは市場のニーズに応えられない時代となった。

アウトドアファニチャーにおいての機能性とは「折りたたみ」のメカニズムであり、たたむための「動き」は宿命のようなものだ。この「動き」が、「収納時は小さく、使用時は大きく」というユーザーの欲望にどこまで応えられるかが、最大の問題だった。しかも求められるのはそれだけではない。シンプルな動作で開閉でき、かつ軽量でなければならない。一般の家具作り以上に、工学的な知見と技術が必要であり、開発のハードルは高い。

しかし、あえてそこに挑み続けたのがオンウェーの技術者集団だった。個性的なメンバーたちは、次々と優れたメカニズムを考案・改良し、この時期、誰が見ても感動するような製品の数々を生み出すことができた。

より長く、心地よく使えること

キャンプ用ファニチャーであるからには、折りたためて軽量で持ち運びやすいことは前提条件だ。すでに市場には、携帯性・収納性を追求したさまざまな製品があり、選択肢も多い。しかし、だからといって携帯性のために椅子の座り心地を犠牲にしても止むを得ないというスタンスで、ユーザーが本当に満足できるものを作れるだろうか？

快適さを求めるのは人間の本能である以上、アウトドアでも「座れる」というだけでなく「心地よく座っていられる」椅子の方が良いはずだ。座り心地も重要なファ

グッドデザイン賞受賞製品

2001〜2012年は、開発した製品が次々とグッドデザイン賞を受けるようになった。
オンウェーにとってまさに急成長の時期である。各製品の詳細はp.94以降を参照。

クターなのだ。

こうした考えのもと、オンウェーは、携帯性と同時に快適性も開発の指針としてきた。身体に合わないサイズや角度の椅子では、姿勢が悪くなり、腰や背中、首に負担がかかって痛みの原因にもなる。長時間座っていても疲れない、人間工学に基づいたデザイン…インドアの椅子では当たり前の要素をアウトドアファニチャーにも求めたのだ。

妥協のないフォルムであること

第1章、第2章でも触れてきたように、オンウェーはアウトドアファニチャーにおいても「美しい造形」を目指してきた。しかし、「美しさ」を優先して追求するわけではない。

例えば、「アートファニチャー」という言葉がある。1960年代から近年まで活躍したアメリカのデザイナー、ウェンデル・キャッスルが生み出した概念で、「キャッスル・チェア」「モーラー(MoMAに収蔵)」を始め彼の彫刻作品群に表現されている。確かに椅子の形をしているが、座ることを目的としてはいない。アートなのか、ファニチャーなのか、その境界線はどこなのか。両立は可能なのか。ミッドセンチュリーの家具デザインとアートに多くの問いを投げかけたのだ。

キャッスル氏の提言に留意しつつも、しかし、オンウェーのものづくりは、アートファニチャーを志向するものではない。あくまでファニチャーとしての椅子づくりを事業とする企業であって、彫刻家集団ではないのだ。その上での「美しい椅子」を作りたいと考えている。構造的に合理性を持ちながら、いかに美しい造形にするか。また細部までいかに美しく仕上げるか。機能性と快適性に立脚してこその美しいフォルムを目指しているのだ。

モダンチェアとポストモダン

近現代の建築・家具デザインでは、バウハウスに代表されるように機能性を突き詰めた造形が継承されてきた。合理性、生産性を追求する先に生まれる造形こそが現代の美とされ、ストイックなまでに装飾性が排除される傾向にあった。しかし、それは往々にして作り手側の論理、美意識であり、必ずしも消費者が日常生活の中に求めるものとは限らない。

この合理主義の反動として現れたのが、1980年代に活躍したイタリアのデザイン集団「メンフィス」に代表されるポストモダンのプロダクトデザインだった。自由なフォルムに明るい色彩、ポップなプリントを施したチェアやテーブルは一世を風靡した。が、これもまた作り手の美意識が先立つという点で、モダンファニチャー同様に、人々の生活感とは距離のあるものとなってしまったのだ。

オンウェーは、先にも述べたように構造的に合理性を持ちながら美しい造形を目指していたが、モダニズムやポストモダンを突き詰めるといった極端な方向へは進まなかった。機能性、合理性を前提に、あくまでユーザーの使用環境にマッチする美しさを模索してきたのである。

column

新工場建設

1998〜2000年にかけて、業務拡大に伴い新工場の建設に着手した。近い将来の人件費高騰と生産能力拡大を見据えてのことだった。半自動の生産ラインの新設の他、金型製造工場も新設。大型プレス機、自動曲げ機、複合三次元レーザー彫刻機、表面研磨機などを次々と導入した。これらの設備投資と共に技術部の強化を図り、若い技術者の養成にも力を入れ、1日に椅子1,500脚という生産能力を持つに至った。

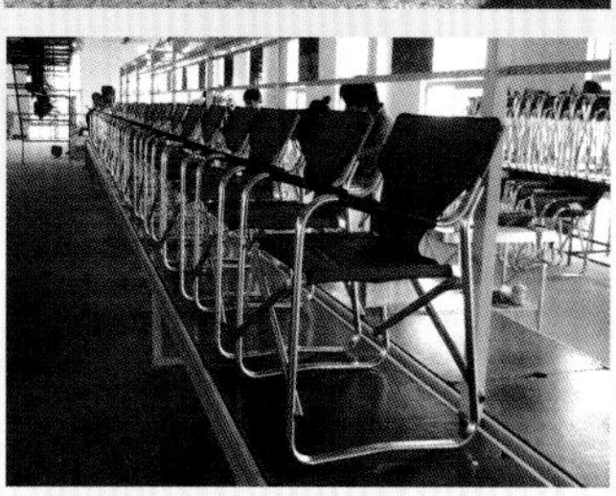

ソフト面での進化

高度成長を支えたコンセプト

質・量ともに高度な成長を遂げたオンウェーは、前述したような「高機能性、快適性、美しさ」という基本方針から、さらに具体的なコンセプトを発展させた。そこから様々なアイデアを多様なオリジナル製品として具現化していったのだ。

文化的・歴史的視座からのユニバーサル

人種や宗教、国境を超えて人々に愛されるファニチャーを作ること。これはオンウェーの企業理念である。いわばユニバーサルな製品を目指しているのだが、それは文化の多様性を無視するという意味ではない。むしろ文化的・歴史的な要素を取り入れたものづくりこそ、一貫した方針としてきた。

例えば「座る」という動作・姿勢は人類共通のものであって、本来、文化的、民族的な色合いを持つものではない。しかし、文明の発展に伴って、時に王権や高位の象徴ともなり、また宗教的な色付けが座具に反映されてきたことも事実である。そうした歴史的背景を念頭に、そこから普遍的なアイデアや造形を抽出し、椅子づくりに取り入れてきた。どんな環境、生活文化の中でも違和感のなく、心地よい存在感を放つ椅子を目指している。

既成概念にしばられない発想

例えば折りたたみ椅子の機構は、椅子だけに使えるものとは限らない。オンウェーは、規制概念にとらわれず、一つのアイデアをまったく別のカテゴリに応用・転用する、大胆で柔軟な発想が重要だと考えている。メカニズムや技術そのものは、広範に活用できるポテンシャルを秘めているのだ。

たとえ発明したその時点で製品化がかなわなくても、将来、違う場面で活用できる時が来る

クオリティーは細部に宿る

先述したように、フォルムの美しさと同時に、またそれ以上に細部の美しさは重

column

生産効率向上とクオリティーの維持

人件費が目立って高騰していったこの時期、生産拠点をより安い国へと移転する企業、業者も少なくなかった。が、オンウェーは留まった。人件費の高騰に備え、すでに1990年代から生産ラインの自動化を計画しており、前述のように新工場も設立していたのだ。

特定の時間に特定のパーツをラインに届けることで、常に製造ラインが稼働する「トヨタ方式」を導入した。ボタンを押すだけで誰でも操作ができる、熟練工を必要としないシステムだ。これにより品質を保ちながら生産効率を上げ、人員を少なく、つまり人件費を抑えることができたのである。さらに治具を多用することで、寸法の正確性を確保することができた。

要だ。細部へのこだわりこそが製品の価値を決めるものだと、オンウェーは考えている。細部には、作る側の価値観、企業の姿勢が、如実に反映されるのだ。

とはいえ、アウトドアファニチャーという商品において、この原則を保つのが難しいのも現実だ。物価、人件費が高騰する一方で、高額な売値を設定するわけにもいかない。野外で使うという性格上、品質にこだわるユーザーは決して多くないのだ。クオリティーを犠牲にして売り上げを優先するか、品質を優先するか。ものづくりに関わる以上、避けて通れない、企業理念に関わる選択である。

オンウェーの選択は、クオリティーだった。高品質の保持は、企業が持続的に発展する唯一の道だと考えた。製品寸法の正確さ、パイプ材の十分な厚み、アルミ表面加工ではツヤや厚みに社内基準を設けて遵守、リベットの材質と寸法の正確さ、さらに主材以外の金属パーツや座面の生地にも厳しい社内基準を設けるなど、妥協のないものづくりに徹してきたのだ。

column

「ロースタイル」シリーズの開発

オンウェー　エッチングチェア(p.116)

低い座面に座る「ロースタイル」のファニチャーは、長らく畳の上で生活してきた日本人には馴染み深いものだ。床に近いため落下や転倒の不安なく、安心して座れる。脚を伸ばして座ることで、体重の相当部分が直接地面へと分散され、座面に全体重がかかることもない。しかも脚部が短い分、椅子にしろテーブルにしろ耐荷重性においても有利なのだ。

こうした利点はアウトドアでも大いに有効で、ロースタイルはユーザーに支持されてきた。もともとアウトドアチェアでは、携帯性を考慮した小さめサイズの椅子が多く、その分、座面も地面に近い。小さなアウトドアチェアから発展したローファニチャーは、車もより小さくなり、それに積み込む道具もコンパクトになった時代のニーズに応えるものだったのだ。

オンウェーは、そうしたニーズに応えるべく、「リラックス」をテーマにロースタイルの商品群を発表した。ロースタイルだからといって座り心地を犠牲にすることは考えず、脚を伸ばした状態での背もたれ角度を精密に計算し、ノーマルなチェアに負けない座り心地が得られる工夫をしてきた。そして椅子自体の重量を1グラムでも減らすために、素材から十分吟味しているのだ。従来のコンセプト、クオリティーをキープしながらの開発だったことは言うまでもない。

Reclining Chair OW-59
リクライニングチェア

座ったまま、肘掛けを持ち上げることで背もたれを倒すことができる画期的な仕組み。座面の高さは変わらずに、肘掛けと背もたれの角度だけを変えられる。

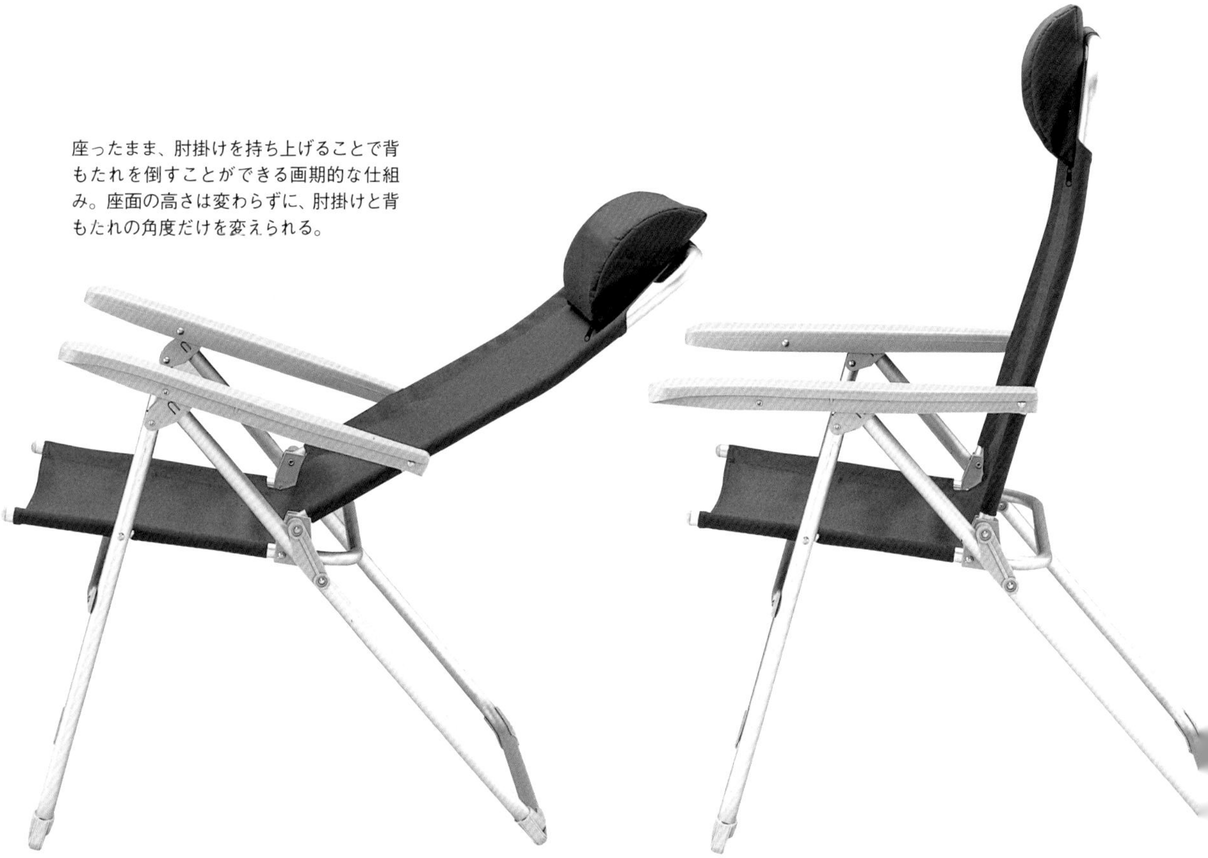

リクライニングチェアの神話を作った新機構

すっきりとシンプルな外観に、画期的な機能を持たせた一脚。座面の高さを変えずに、アームレストを持ち上げることで背もたれの角度を調節できるフォールディングチェアである。４段階のリクライニングが可能なので、例えばダイニングテーブルでの食事にも、食後のくつろぎにも…と、多様なニーズに対応できる。重量はわずか2.5kg。幅広いシーンでの利用に向け、携帯性、使い勝手も同時に重視した。

Reclining Chair OW-59B

リクライニングビーチチェア

新機構リクライニングチェアの
ローチェア版

左ページのリクライニングチェアOW-59をロースタイルにしたビーチチェアバージョン。座面の高さを変えずに、アームレストを持ち上げることで4段階に背もたれの角度を調節できるリクライニング機能は、OW-59と同様だ。重量はさらに軽く、わずか2.2kgである。

ビーチやキャンプサイトをはじめガーデンやテラスでも、様々なシーンで使えるシンプルなリラックスチェア。

New Relax Chair OW-64

ニューリラックスチェア

オンウェーチェアの原点。
コンコルドを目指した椅子

商品化には至らなかったものの、オンウェーチェアのその後を決定づけた原点ともいえる椅子。この一脚から全てが始まったと言っても過言ではないだろう。

そもそも、この大型チェア開発の出発点は、「アウトドアチェアの『コンコルド』を作ろう」というアイデアだった。コンコルドは、1969年〜2003年に活躍したイギリスとフランスが共同開発した超音速旅客機で、曲線的な広い翼や離着陸時に下を向く機首といった独特の外観で知られる。何より高額の運賃と専用ラウンジやゲート、専用スタッフや食事などの特別サービスから、超豪華旅客機として世界中の憧れの的だった。量販店用の安価な製品とは一線を画し、合理的な美しさと快適性を追求するオンウェーにとって、コンコルドはいわば目指すべきシンボルだったのだ。

まず美しい椅子であるには、パーツなど細部の造形から美しくなければいけない。肘掛けの形も一から見直した。モダンファニチャーの代表的な名作椅子、フィン・ユールのイージーチェアNo.45をモデルに、それまでにない曲線的なフォルムのアームレストを作り上げたのだ。この曲線は、リクライニングチェアOW-N59、リクライニングファーストチェアOW-5656にもそのまま活かされ、シンプルに洗練されて後のスリムチェアOW-72にも受け継がれている。

また快適な座り心地のために、背もたれの角度と肘掛けが連動するこ

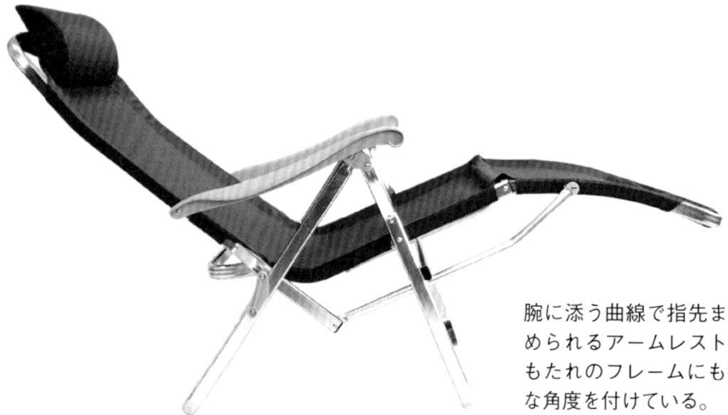

腕に添う曲線で指先まで休められるアームレスト。背もたれのフレームにも微妙な角度を付けている。

とで、より自然に姿勢を変えられる4段階リクライニングを開発。そして、このリクライニング機構を実現するために、フレーム用のパイプには、堅牢かつ軽量な長円形を独自開発したのだが、まさにこの長円パイプこそが、後のオンウェーの記念碑的モデル、ディレクターチェアOW-N65開発の要となったのである。

最後のフライトでブリストル上空を通過するコンコルド。主翼の曲線が美しい。
Photo by Arpingstone Wikimedia Commonsより

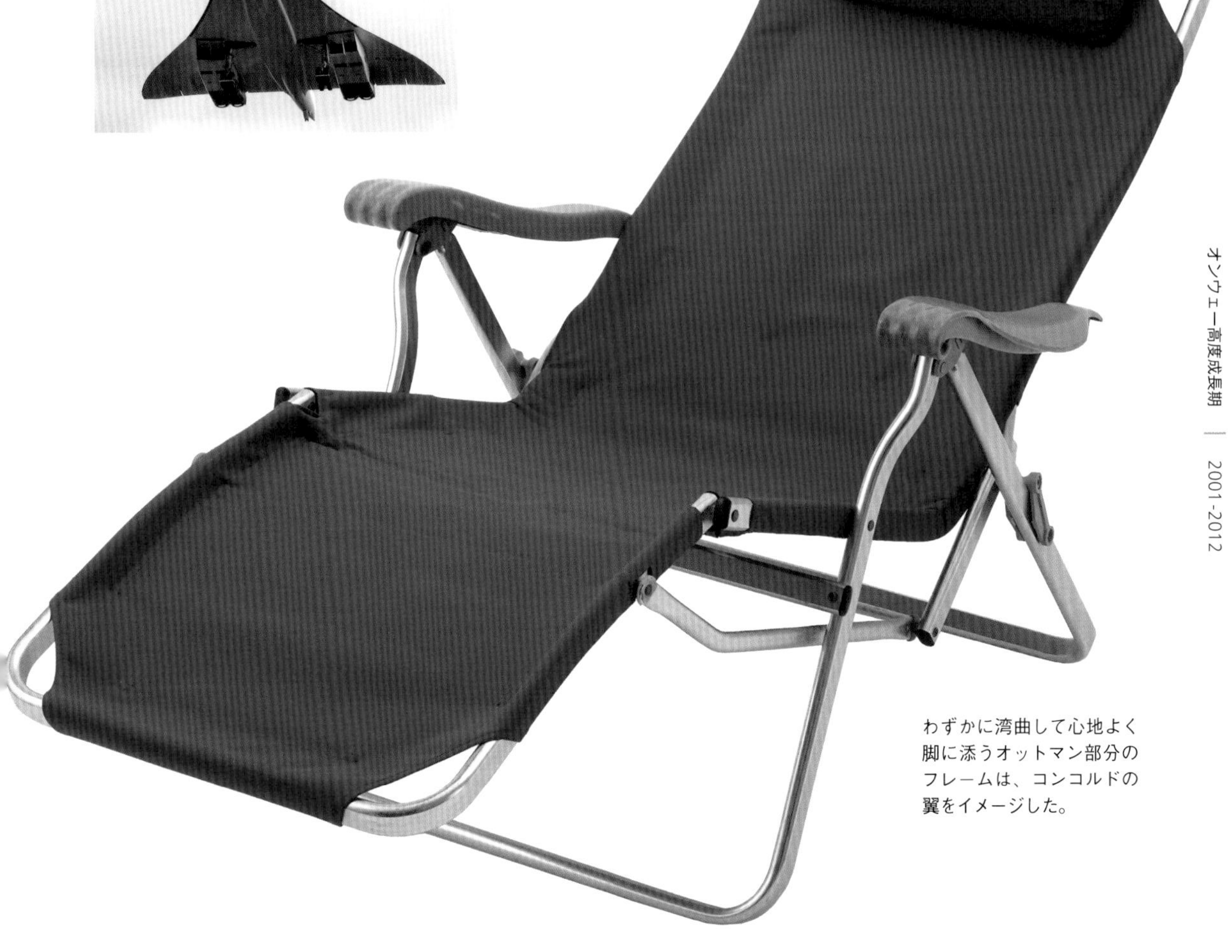

わずかに湾曲して心地よく脚に添うオットマン部分のフレームは、コンコルドの翼をイメージした。

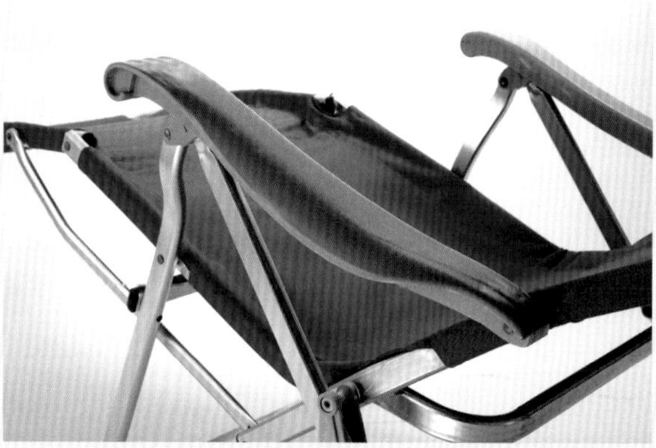

ニューリラックスチェアOW-64の流れるような曲線を描く肘掛けの造形は、フィン・ユールの名作椅子イージーチェアNo.45を手本にした。

デンマークのフィン・ユールハウスに展示されたイージーチェアNo.45。特徴的なアームの曲線は、今なお新しい。Lord氏撮影の写真部分。
Photo by John Lord
https://flickr.com/photos/57899800@N00/30572604873
Wikimedia Commonsより

オンウェーを象徴するアーム曲線の原点

2001年に発表したファーストクラスチェア以降、オンウェーは、肘掛の曲線にこだわり続けてきた。その原点となったのが、「世界で最も美しいアームを持つチェア」と評される〈No.45 イージーチェア〉だ。近代家具デザイナーを代表する一人、デンマークのフィン・ユールが、1945年、ヴィルヘルム・ラオリッツェン建築設計事務所から独立後、最初にデザインした家具としても知られている。

No.45 イージーチェアの最大の特徴は、なんといってもアームの造形美だ。薄く研ぎ出されたシャープなエッジと、それに連なる三次元曲面の流れるようなカーブは、時代を超えた美しさで今なお賞賛を集めている。

オンウェーは、この〈No.45 イージーチェア〉にならい、エッジの効いた美しい曲線を意識してきた。ファーストクラスチェアなどの樹脂性アームはもちろん、アルミパイプ材のアームでもその造形を継承している。

Reclining Chair OW-N59

リクライニングチェア

「指先までのリラックス」にこだわった アップグレード版

リクライニングチェアOW-59（p.88）をさらに快適にグレードアップした後継モデル。独特の曲線を持つオンウェーオリジナルの肘掛けを採用し、腕から指先まで心地よく休ませることができるリクライニングチェアに仕上げた。座面の高さはそのままに、アームレストを持ち上げて背もたれの角度を調節できる4段階リクライニング機能は前モデルと同様。重量もほぼ同じ2.6kgという軽さである。

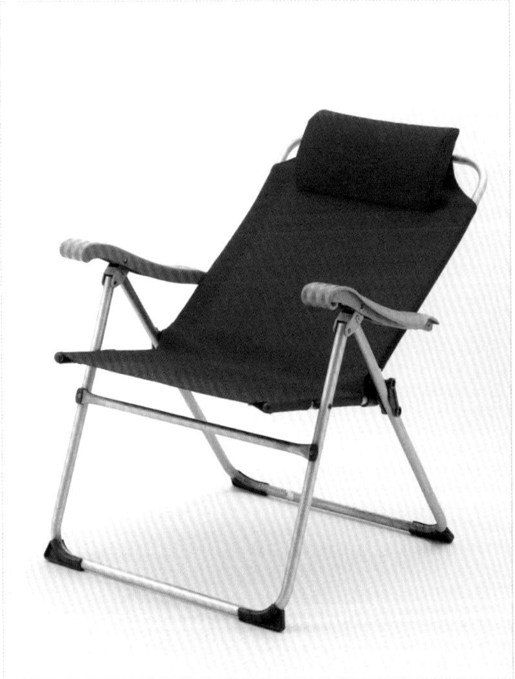

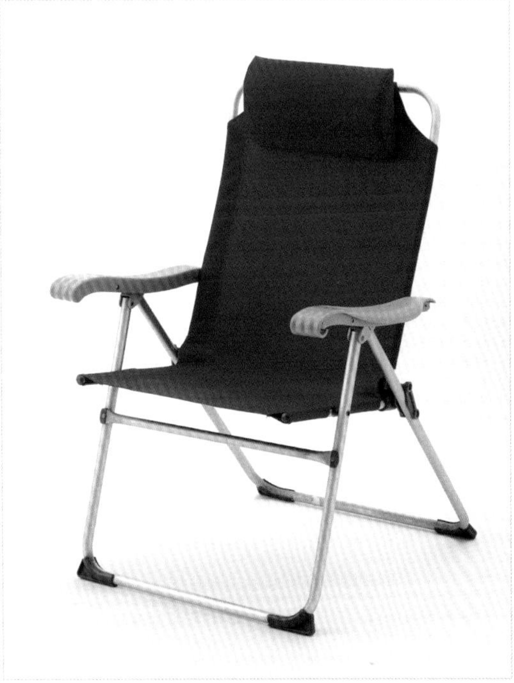

OW-59と同様、座面の高さを変えずに、肘掛けを持ち上げるだけで、背もたれを倒すことができる。また、シンプルなフレーム構造は、軽さと使い勝手の良さにもつながる。

Reclining First Class Chair OW-5606
リクライニングファーストクラスチェア

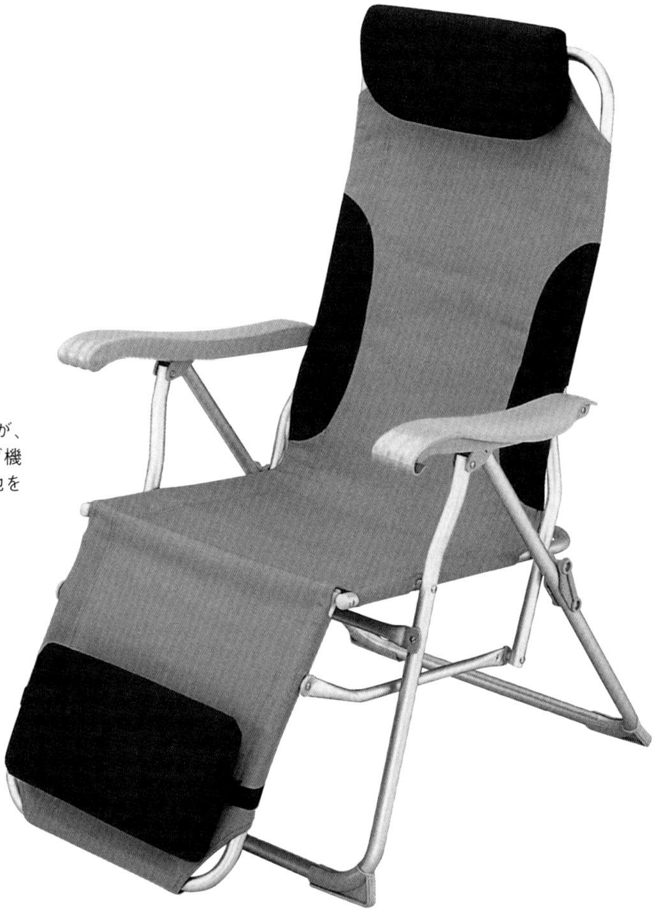

一見、シンプルに見えるが、独自開発のリクライニング機能により、快適な座り心地を満喫できる。

ゆったり座れて軽量な「お父さんの指定席」

オリジナルの曲線フォルムにこだわった肘掛けと、この肘掛けによって4段階に背もたれ角度を調節ができる独自機構。リクライニングチェアOW-N59の機能をそのままに、ゆったりくつろげる「ファーストクラス」の椅子として開発したのがこのモデルだ。

大きめのサイズにオットマンを付け、肘掛けも幅を広く設定。同時に、アルミフレームとポリエステルシートで軽量化を図っている。軽く持ち運びやすく、コンパクトにたためるアウトドアチェアでありながら、ファーストクラス席のような余裕のある座り心地から、「お父さんの指定席」として、発売当時、大いに人気を博した一脚である。

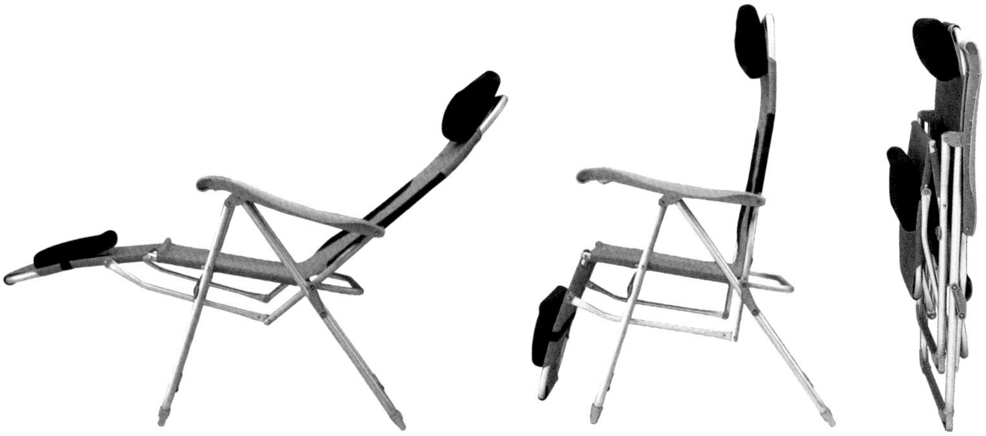

幅広の曲線アームレストとオットマンによって指先や足元までリラックスできる設計。ちょっと贅沢なアウトドアチェアとして話題になった。

肘掛けを持ち上げるだけで、背もたれとフットレストが連動して４段階に角度を変えられる。コンパクトに折りたためて、軽量なのでアウトドアチェアとしての機能も充分だ。

Director Chair OW-65C

ディレクターチェア

オンウェー代表作の雛形となった
革新的モデル

ニューリラックスチェアOW-64の長円パイプを使い（p.90参照）、オンウェーオリジナルのディレクターチェア を製作した。インドア用に限定し、本革を使ったバウハウス風のスタイリッシュな外観は、アウトドアチェアの主流ラインからは遠いように見えるかもしれない。が、この椅子こそがオンウェーを代表するマスターピース、OW-N65（右ページ）の原型である。

従来のディレクターチェアでは、フレームに計８本のパイプを要していた。それをこの椅子では、背〜アーム〜脚を一体化することでわずか４本のパイプで構成することに成功したのだ。長円型のパイプがあってこその革新である。一方、シートに使用した本革は、折りたたむことができないため、背もたれと座面をセパレートした形にした。外観は美しいが、小柄な人が座った場合、座面と背の空間から落ちる可能性があった。この問題を解決するために改良したのが、OW-N65なのである。

牛革とメタルフレームが、まるで往年のデザイナーズチェアのようなたたずまい。

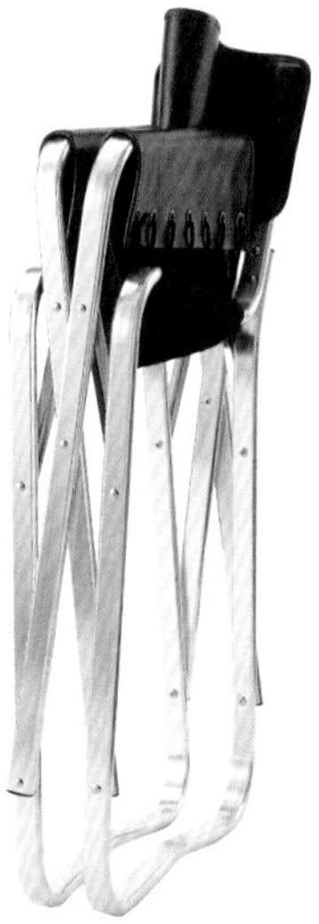

本革は二つ折りが限界のため、折りたたみ椅子に使うには、背もたれと座面を分けなければならなかった。

Director Chair OW-N65

ディレクターチェア

2002年グッドデザイン賞受賞

余材から革命を起こした
ディレクターチェアのマスターピース

工場の片隅に積まれていた長円形パイプから、革命的モデルが生まれた。
丸パイプにキャンバス地を張っただけのいかにも簡易な
ディレクターチェアが、よりシンプルで美しく、快適な椅子へと、
決定的に生まれ変わったのだ。
折りたたみ椅子のマスターピースであり、
オンウェーにとっても記念碑的製品である。

側面フレームを一本化

始まりは、ニューリラックスチェアOW-64（p.90）のために開発した長円形のパイプだった。製品そのものは製品化には至らなかったのだが、そのために大量のパイプが不良在庫となってしまった。リクライニング機構と強度を両立させるため、断面が「目」の形になるよう補強板を入れたこの独自開発のパイプである。これを活用できないかと考え、ひらめいたのが椅子の側面フレームに使うというアイデアだった。

平らな面を持つ長円パイプは、曲げ加工に適している。従来のディレクターチェアでは、肘掛け兼脚部のU字型パイプ、これを補強する逆U字形パイプ、そして背もたれのパイプと、片側3本のパイプで側面フレームが構成されていた。これを1本の長円パイプで一続きにするのだ。

疲れない椅子のための角度設計

ちょうどこの時期、筆者は、ある大手マッサージチェア・メーカーの役員という人と知り合った。「40年椅子づくりをしてきたが、本当に良い椅子には恵まれなかった」という彼に、「良い椅子とは？」と問うと、「2時間座って映画を見ても疲れを感じない椅子」との答。以来、この言葉がオンウェーの椅子製作の基準となった。

独自開発の「目形」長円パイプ

断面が正円の丸パイプでは、パイプ同士を接続するにも接点が小さく、加工しづらい。断面が長円形なら、パイプ同士や補強バーと図のように「面」で接するため、より安定して密接にジョイントできる。内部に2枚の補強板を入れることで、パイプ自体の強度を増している。補助板の厚み、接合部分の極小カーブなど、最適値を見つけるために、何度となく作り直しては実際に曲げてみるという試行錯誤を2カ月続けて完成した。

疲れない椅子とは、人間工学に基づき、理論的にも検証可能な設計でなければならないだろう。研究書を手に勉強に励み、知見を深めることから始めた。その上で、座面の高さと傾斜角度、肘掛けと背もたれの角度、転倒しない条件や着地点、重力分散など、細部にわたって検証を積み重ねていった。長円パイプを曲げ加工で作る一体化フレームだからこその挑戦だったといえるだろう。

結果として到達したフォルムが、6つのカーブを持つフレーム形状である。背もたれと肘掛け、脚部が一筆書きのように1本のパイプで形作られ、1カ所のみをリベットで留めた、これ以上なくシンプルな側面フレームが完成した。

安心して座れる座面

座面は、従来品同様、X形に組み合わされた2本のU字形フレームで

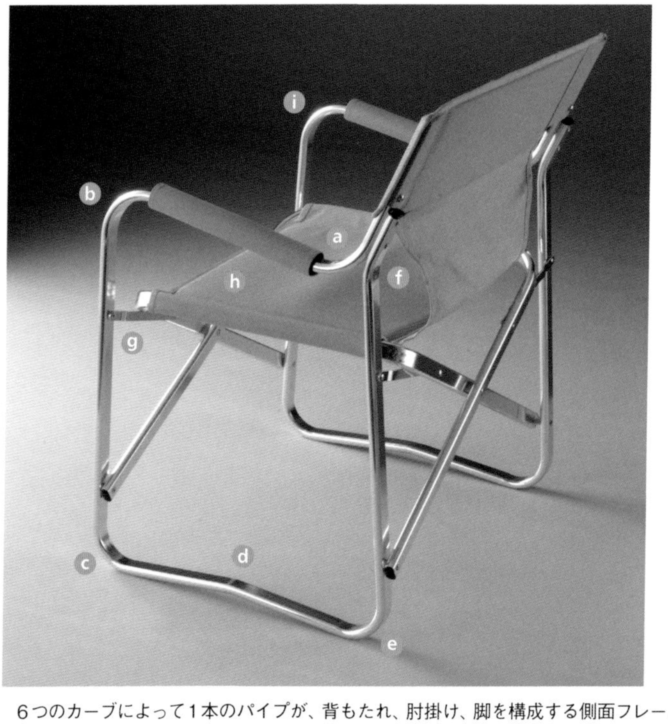

a~f　6つのカーブによって1本のパイプが、背もたれ、肘掛け、脚を構成する側面フレーム。それぞれの角度、曲線は、人間工学から導き出された造形だ。
g　強度の高いスチール冷鍛製の小さなバーが、座面のX形フレームを支える。長円パイプのフラット面としっかりジョイントするのでより安定性も高い。
h　身体に合わせて程度に沈み込む立体裁断のシート。
i　高級感のある光沢仕上げ。同様に質感の良い、つや消しタイプも展開してきた。

人間工学に基づいたフレーム、シートの設計と共に、表面加工法、加工コスト、型崩れしにくい生地等々、最適解を求めて実験を積み重ねた。オンウェーの思想と知見、技術が結晶した記念碑的製品である。

左：従来のディレクターチェアのシートは、３つの長方形の縫い合わせた形。
右：OW-N65では、座部シート奥側の幅（a）を手前側（b）より広く、逆台形になるよう生地を取り、座面奥にゆるみを作っている。

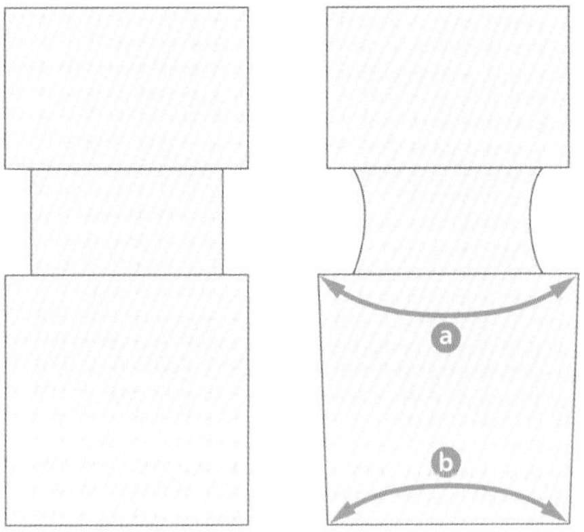

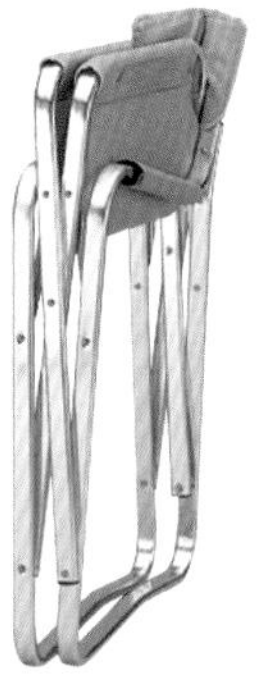

ワンアクションで収納できる左右開閉タイプ。使い勝手もシンプルだ。

支えられる。先端で側面フレームに連結しているが、それだけでは強度が足りない。そこで、連結を補強する鉄製の横バーを加えた。目立たない小さなパーツだが、強度の高い冷鍛材を採用し、長円パイプのフラット面に接続することで、より安定的に補強できるのだ。結果、耐荷重80kgを実現し、現在に至るまでクレームは一切来ていない。

さらに、座面に張る生地についても工夫を加えた。長方形のキャンバス地を縫い合わせただけのシートでは、平たい座面ができるだけなので、背もたれに体重をかけると、腰が前にすべり出してしまうことがある。そこで、座面奥側の幅を広く取り、ゆるみを持たせて縫い合わせることで、座った時に軽く沈み込むように設計した。人間の身体に合わせた立体的な縫製にすることで、臀部と腰を包み込むようなシートにしたのだ。

量販品と一線を画す美しい仕上げ

量販店に並ぶディレクターチェアとは一線を画す椅子である以上、シンプルな構造の美しさだけでなく、質感にもクオリティを求めた。アルミの耐食性、耐久性を高めるアルマイト加工は、丈夫で扱いやすいが、安っぽく見える面もある。オンウェーでは、この工程に磨きを加えた独自の処理をすることで、まるでクロームのような輝きを放つ仕上げに成功したのだ。

それまでにない機能美、座り心地、そして高級感で、ディレクターチェアのみならず、アウトドアチェアに革新をもたらしたともいえるこの椅子は、今もオンウェーのフラッグシップモデルの一つとして愛され続けている。

ディレクターチェア OW-N65 派生品

Director Chair OW-N65R

ロッキングチェア

2003年グッドデザイン賞受賞

一体型フレームが可能にした 心地よい「揺れ」

ディレクターチェアOW-N65は、その後、様々なバリエーションに進化する。フレームのアレンジによって生まれたロッキングチェアもそのユニークな例だ。フレームの長さと曲げ方を変えることで、下部がスレッジ（そり：カーブを描く着地部分）になる構造は、長円パイプの一体型フレームだからこそ可能なもの。適度に揺れながら決して転倒しないよう、バランスと安定性を追求したフレームの設計には、オンウェーの技術と遊び心が込められている。

背もたれの背後に長く伸びたスレッジがストッパーの役割を果たし、背後への転倒を防ぐ仕組み。ゆったりと背を預けて揺らしても安心できる。

OW-N65と同様、光沢のあるフレームが美しいモダンな外観。

ディレクターチェア派生品

Director Chair with Side Table OW-N65TR

サイドテーブル付きディレクターチェア

曲線を活かした
ディレクターチェアの新機軸

一体型サイドフレームならではの設計加工の自由度を活かして、アームを美しい曲線に。それに呼応してサイドテーブルの形状も半円形にデザインした。国内では販売しなかったモデルだが、アメリカで発売以降18年間にわたるロングセラーとなっている。同時に、この椅子の後継モデルとして発売したOW-N65T（右ページ）は国内でのロングセラーである。

収納時はテーブルもすっきりコンパクトにたためる。

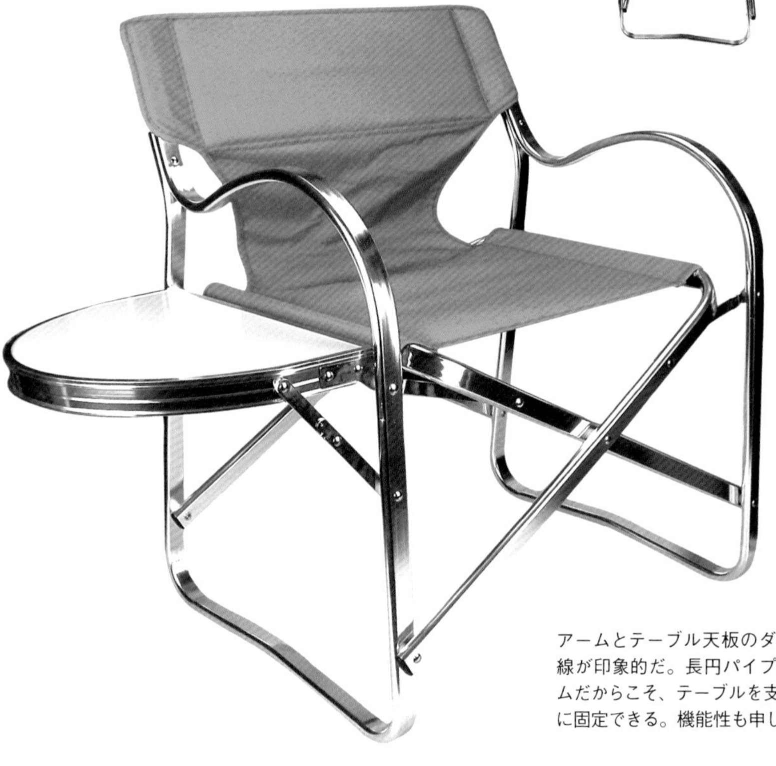

アームとテーブル天板のダイナミックな曲線が印象的だ。長円パイプのサイドフレームだからこそ、テーブルを支えるバーを確実に固定できる。機能性も申し分ない。

ディレクターチェア派生品

Director Chair with Side Table OW-N65T

サイドテーブル付きディレクターチェア

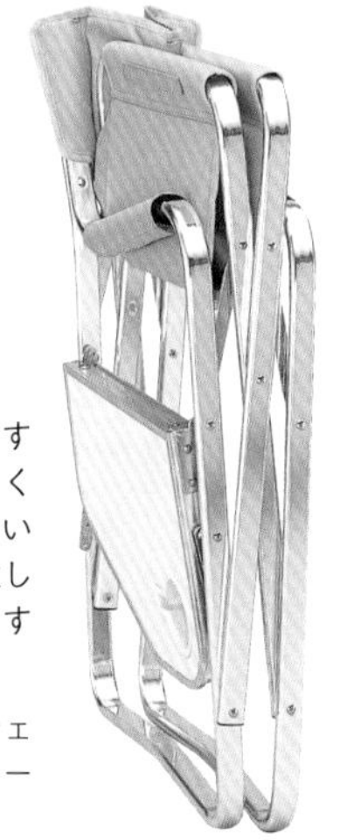

上：テーブルの幅によってサポートするバーの長さや接続位置も変わってくる。安定性があり、かつたたみやすい形を試行錯誤して、この形状に到達した。椅子全体のデザインにもマッチするフォルムにもこだわった。

右：テーブルのないディレクターチェアと比べても、たたんだ時の省スペース性は、ほとんど遜色がない。

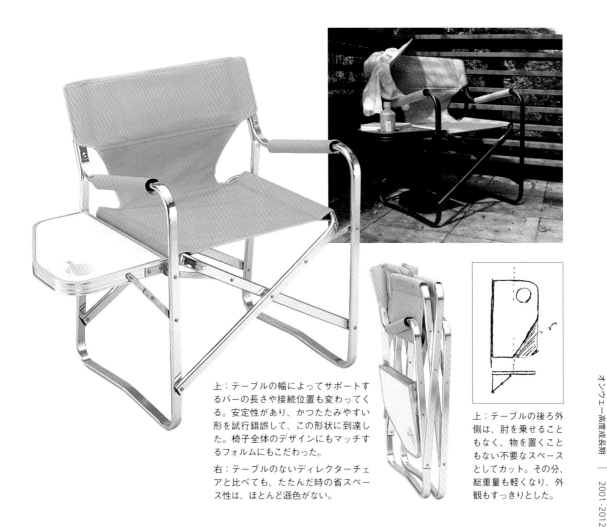

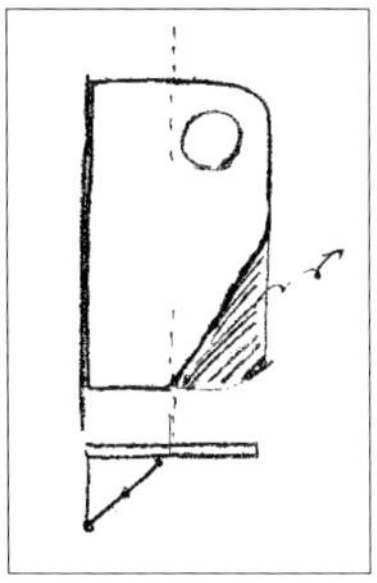

上：テーブルの後ろ外側は、肘を乗せることもなく、物を置くこともない不要なスペースとしてカット。その分、総重量も軽くなり、外観もすっきりとした。

一脚で一人の世界を完結できる
ロングセラーモデル

アメリカで好評のOW-N65TRを、より機能的にブラッシュアップした国内モデル。OW-N65TRの丸いテーブル形状を、使用時の腕の形に基づいたより合理的なフォルムに変え、ドリンクホルダーも採用した。他のテーブルを置かなくても、この一脚さえあればどこででも、愛読書やタブレット、ノートPC、そしてドリンクと共に、自分の世界に浸ることができる。現在も好評を得ている隠れたロングセラー定番だ。

Slim Chair OW-72
スリムチェア

中央収束型の収納性と左右前後型の座り心地。
二つを一脚に統合した次世代チェア

コンパクトに収納するなら中央収束タイプ、一方、
座り心地を重視するなら前後か左右に折りたたむタイプ。
相反する二つのニーズを一脚に統合できないか？
大きなチャレンジの結果、
全く新しい折りたたみ方式の椅子が生まれた。

省スペースを求める時代に

バブルの後、消費者のマインドは一気に省スペース、省エネルギーへと向かった。アウトドアの世界も例外ではなく、ファニチャーもこれまで以上にダウンサイズしなくてはならない。となると、棒状に折りたためる中央収束タイプの出番なのだが、中央収束タイプは「収束のための機構」が優先されて座り心地が犠牲になることが多い。バブル期に人気だったゆったりと大きな左右前後タイプと比べると、抵抗のあるユーザーも多いはずだ。収納性と座り心地を両立するにはどうしたら良いか？　それが出発点だった。

フレームの構造から考え直す

この課題に対して、社内で上がってきたのは「側面フレームを横に倒して座面を作り、前脚パイプと後脚との連結パイプを肘掛けにする」という案だった。どういうことかというと…。

座面生地を左右のフレームで張ることができる：点ではなくフレーム、つまり線と面で体重を支える分、沈み込むこともなく、安定感が格段に上がる。ちょうど２本のU字パイプで座面生地を張る左右タイプ（OW-65ディレクターチェア等）のような、安定した座り心地が得られるのだ。

動作に合わせて肘掛け、前脚が連動する：まず肘掛けを加えるだけでも快適性は上がる。そして肘掛けの形状自体も、人間工学に基づいた曲線にこだわった。この肘掛けを後脚フレームとつなぎ、同時に前脚パイプが連動してスライド可能にした。

座面左右のフレームを上に折れる仕組み：前脚のスライド機構により座面左右のフレームと肘掛けが連動してを上に折りたたむことができるので、中央収束が可能になる。

これまでの中央収束タイプとは一線を画す、安定した座り心地の折りたたみ椅子が完成した。

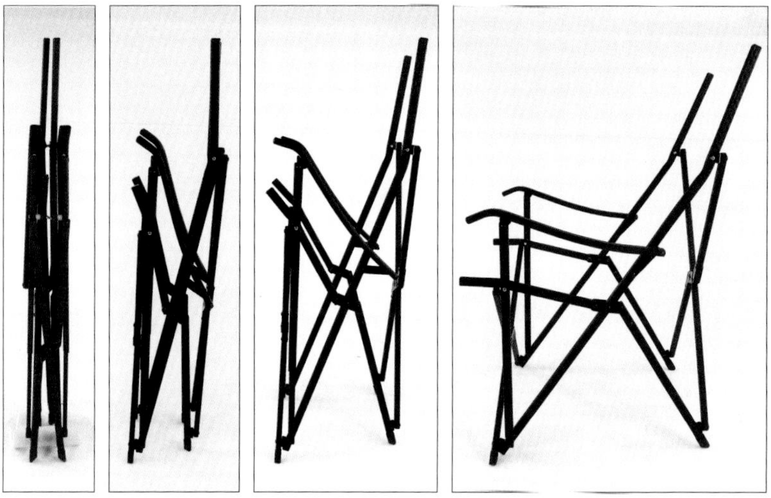

折りたたみ時のフレーム構造
肘掛け後方の連結バーと、二重になった前脚の縦パイプが連動して、スムーズに収束できる。

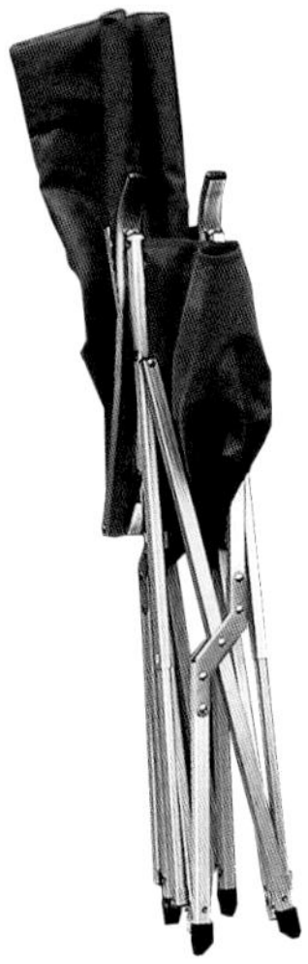

左右前後折りたたみタイプに引けを取らない座り心地でありながら、中央収束タイプと同様に１本の棒状にたためる収納性を併せ持つ。

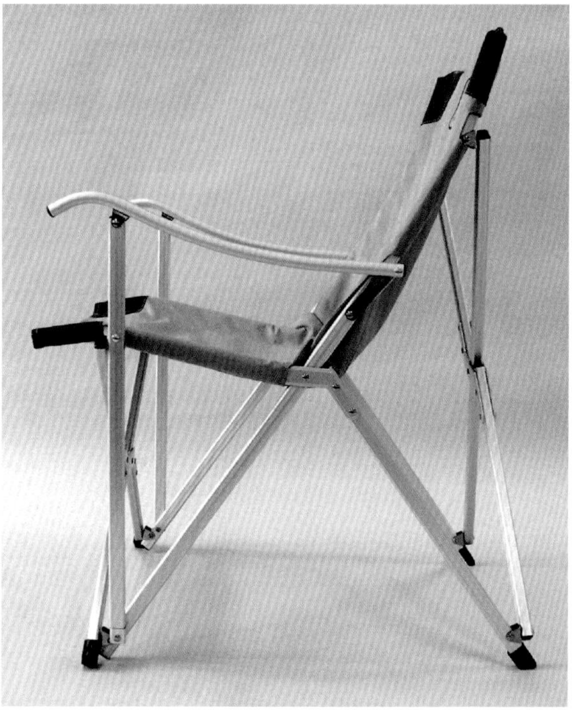

包み込むような座り心地

従来の前後タイプでは座面の前後にもフレームがあるが、この椅子にはない。それによって中央収束ができるだけでなく、ゆとりをもたせた座面生地が腿の裏側と腰部分を支えることで、誰が座っても包み込むような座り心地が得られる結果になった。細身の人でも大柄な人でも、快適に座ることができるのだ。

ゆとりのある座面生地によって、包み込まれるような座り心地。横方向のパイプがないため、フレームが腿に当たることもない。また、アームの曲線は、ファーストクラスチェアから継承、進化させたもの。アルミ角パイプの活用で、アウトドアにもインドアにもふさわしいスマートな外観に仕上がった。

コンパクトな収納性と、安定感のある包み込まれるような座り心地。フレームの構造を一から見直すことで、それまで相反するものだった2タイプの折りたたみ椅子の長所を合わせ持つ椅子、スリムチェアOW-72が完成した。

後にグッドデザイン賞製品を含む数々の後継機を生むことになったこのモデルも、オンウェーのマイルストーンの一つである。

ディレクターチェア派生品

Min Chair OW-6052

ミンチェア

椅子の歴史を
映した幻の一脚

明代の「官椅（かんい）」をイメージ

「椅子には文化が反映されるべきではないか」。ある時、島崎教授との会話で上がったこの話題から、中国明朝時代の椅子を、造形に活かせないかと考えた。明代の椅子「官椅」は、トーネットやウィンザーチェア、シェーカー家具と並んで近代の椅子に多大な影響を与えている。それをアルミフレームのディレクターチェアに取り入れようという試みだ。

手作業を要する直線的デザイン

官椅のデザインは、ほぼ直線で構成されている。そしてこの特徴こそが製作の最大の難関だった。

ディレクターチェアに使われる「目」型の長円パイプは丈夫で美しいが、曲げる際にはかなりの技術を要するのだ。直線的なデザインとなるとより深い角度で曲げる、つまりアールの小さい曲げが必要となり、ますます難度が上がる。

「目」型パイプ内部の２本の補強板は、厚すぎると曲げた部分で凹みとして目立ってしまう。かといって薄すぎると曲げた部分がつぶれてしまうのだ。パイプの押出成形工場に何度も作り直しを依頼し、２トンもの原料を使ってしまった。さらに曲げ加工の作業自体も、慎重を期す必要があり、機械ではなく人の手でゆっくりと曲げなければならない。

こうした事情から椅子の歴史を映したミンチェアは、その後継続して作られることなく、幻のモデルとなった。

椅子の歴史、そして官椅の端正な造形へのオマージュとして製作した。

上：「目」型パイプを深い角度で曲げる加工は、慎重さが求められ、どうしても人力での作業になる。

左：木製では簡単な直線的なデザインを、アルミパイプのフレームで表現するという試み。肘掛けから前脚へコーナー、接地部分のデザインに加え、前面のX型フレームにも曲げ加工を施している。

ディレクターチェア OW-N65 派生品

Geometric Chair OW-34

幾何学チェア

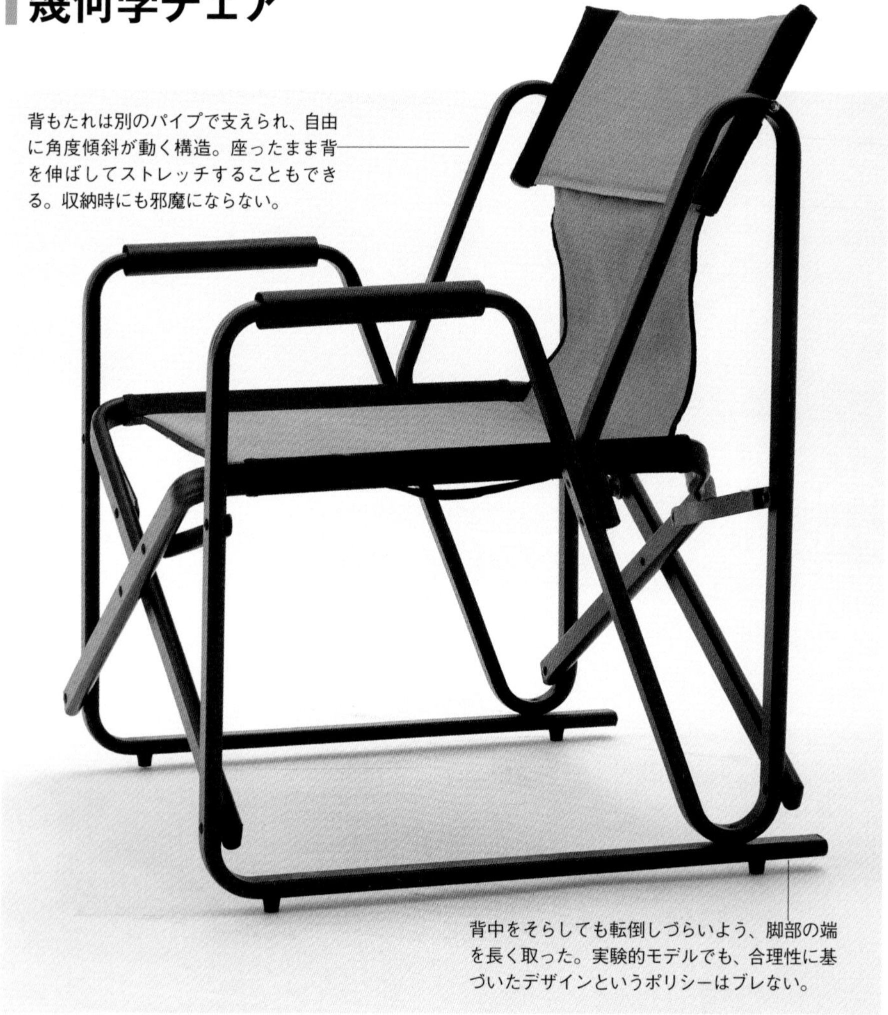

背もたれは別のパイプで支えられ、自由に角度傾斜が動く構造。座ったまま背を伸ばしてストレッチすることもできる。収納時にも邪魔にならない。

背中をそらしても転倒しづらいよう、脚部の端を長く取った。実験的モデルでも、合理性に基づいたデザインというポリシーはブレない。

左右開閉タイプの折りたたみ椅子を、まるでオブジェのような造形に作り上げた。

抽象アートのような
実験的チェア

一筆書きのように一本のパイプで成形されるディレクターチェアのサイドフレームを、抽象芸術のような形にデザインした冒険的な試み。三角形と四角形で構成された幾何学的なサイドフレームは、鋭角的なコーナーなど、極めて難易度の高い加工が施されている。一方で、転倒防止のため接地部の後端を長く取る、姿勢に合わせて自由に傾斜が変わる背もたれなど、座り心地のための機能も備えている。

Slim Chair OW-23

スリムチェア2

2003年グッドデザイン賞受賞

ありそうでどこにもない
新機構のコンパクトチェア

図書館で見かけるようなパイプ椅子を
中央収束でコンパクトにたためる椅子に。
このアイデアを形にするのは、予想以上に難しく、
オンウェーの精鋭技術者ですら頭を抱えた。
不可能にも思われた開発を成功に導いたのは、
角型パイプだった。

小さな肘掛け付きの図書館風チェア

きっかけとなったのは、出勤途上のゴミ置場に捨ててあったパイプ椅子だった。とある開発中の椅子の構造に関して行き詰まっていた頃のことである。ゴミ置場のその椅子は、前後折りたたみタイプのシンプルな構造だが、両サイドがきれいな「入」字状に曲がり、ちょっとした肘掛けになっている。わずかだが肘を置いて休める形になっていた。この形状自体は決して珍しくなく、図書館などで見かけることもある。しかし、2本のパイプを「入」の形に組んで椅子の側面フレームにするというアイデアは、当時行き詰まっていた構造問題に光を投げかけたのだ。

とはいえ「入」形のフレームというアイデアだけでは新しい椅子にはならない。これを中央収束でコンパクトに折りたたんでこそ、開発の意味がある。シンプルな前後折りたたみタイプの椅子をいかに中央収束タイプに統合するのか？　ほとんど不可能に近いこの課題に膨大な時間が費やされた。

中央収束するための数々の課題

とりわけ悩ましかったのは、フレームの構造、特にジョイントの問題だった。

X形フレームとサイドフレームの連動　中央収束のためには「X」形の脚部構造が必要となるが、当然ながらこれは中央に向かって動かなくてはならない。脚部を前後で支えるこの「X」形フレームを、「入」形のサイドフレームとどう連結し、連動するかが課題だった。

連動、安定のための支点が足りない　座面は、中央収束できるよう、左右2本のパイプでシートを支える形になる。しかし、このパイプを「入」形サイドフレームと脚部のX形フレームに固定する支点が足りないのだ。

図書館で見かけた小さな肘掛け付きのパイプ椅子。これをイメージして開発が始まった。

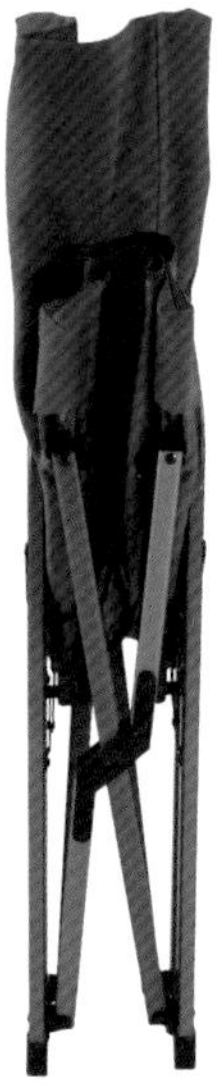

シンプルな操作でさっと広げて座れ、コンパクトにたためるのは、アウトドアチェアの重要ポイントだ。もちろん屋内でも使い勝手が良い。

小さな肘掛けが特徴。シンプルな外観に、工夫と技術が詰まっている。

座る人の全体重を支える座面フレームは、どうしても脚部と連結しなければならない。かつ、椅子の開閉に合わせて、スライドしなければならない。スリムチェアOW-72では、肘掛けを支える縦スライドパイプが脚、座面フレーム、前面X形フレームと連動する。しかし、このシンプルな図書館風の椅子ではサイドフレームが収束するにつれて座面と接する位置も変わる。つまり固定できる支点がないのだ。さらに縦パイプがない分、耐荷重性にも安定性にも不安が出てくる。

移動する接点をどう支えるか、それが最大の課題だった。

角形パイプという解

これらの問題を克服すべく実験を重ねたが、失敗に終わることが続いた。社内の技術者もついにあきらめてしまい、開発は半年ほど放置された。再び会議の俎上に載せられた時、上がったのが「角形パイプを使う」というアイデアだった。角パイプによって定向摺動（しゅうどう）、つまり接続部を一定の方向に動くよう制御できるのでは、という発想だ。手元の角パイプでさっそく「入」形フレームを作ってみた。

面の接続で動く方向を制御：側面の「入」形フレームは、２本のパイプを平面に並べる、いわゆる面一（つらいち）にした上で、前後に開閉するよう接続しなければならない。従来の丸パイプだと、結合部は「点」なので方向性が安定しない。それが角パイプを使えば、パイプ同士を「面」でつなぐことができるので、前後開閉のみに方向を制御できるのだ。まずは両側面フレームの動く方向を決めることができた。

ストッパーとサポートバーで連動と安定を確保：開閉のための動きを連動させ、かつ安定した座り心地を支えるための支点も確保した。まず、中央収束のための「X」形脚部で座面フレーム前方を支える。座面フレームとの接合部にストッパーを付けることで、荷重を脚部で支えることができるようにした。

そして難関、「動く支点」については、「入」形フレームの前脚部分と座面フレームを特殊形状のサポートバーで接続することで、収束するにつれて移動する接点に対応。座面の動く方向を制御すると同時に耐荷重性をさらに強化した。これらの機構は、角パイプだから可能になったものだ。

この仕組みが完成した後、各部のサイドや角度を入念に調整し、座って心地よく、スムーズに開閉できる一脚に仕上げた。

図書館風のこの椅子は肘掛が小さい分、座ったままでパソコン操作やギター演奏など、人の姿勢や動きが自由になる。かつ包み込むような座面は、安定感があり、リラックスできる座り心地だ。

どこにでもありそうで、どこにもない、図書館風中央収束チェアが商品化されたのは、発案から１年半を経てのことだった。

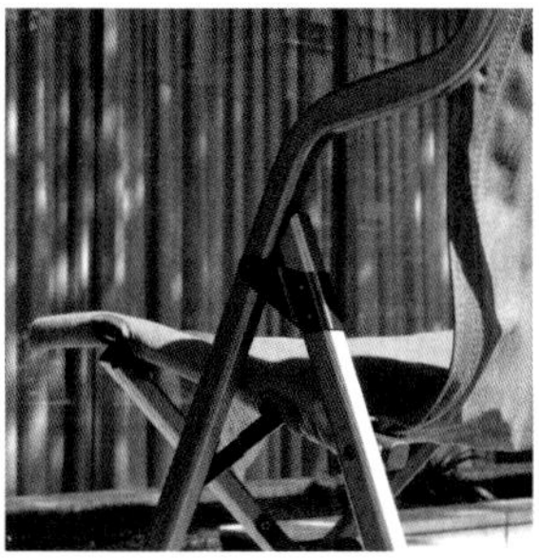

角パイプとこのジョイントにより、サイドフレームは前後のみに動くよう制御できた。

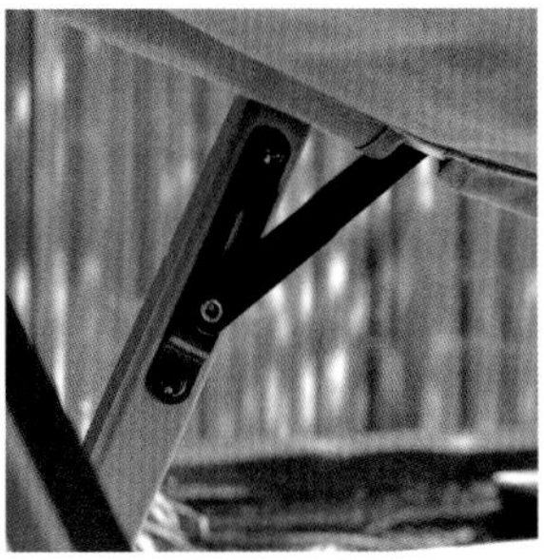

サイドフレームと座面をつなぐスライド可能なジョイント。角パイプだからこそ可能な接続方法だ。

前側脚部フレームと座面の接続部。一定の角度以上に開かないストッパー機能によって、X形フレームを安定させている。

「入」字形フレームのアイデアを得てから1年半。商品化にこぎつけたスリムチェア2は、2010年のグッドデザイン賞に輝いた。

2001年版後継モデル

Director Chair OW-N65

ディレクターチェア

世界で愛用され、販売数100万脚に

2001年に発表したディレクターチェア OW-N65は、世界的なヒットとなり、この年、ついに販売数100万脚に達した。グッドデザイン賞に輝いた美しく合理的なフレームライン、長時間座っても疲れを感じにくい人間工学に基づいた設計はそのままに、後継モデルではシックなカラーリングで、より広い使用環境に対応するようアップデートしている。

座面の沈み具合、背もたれの角度、肘掛けの曲線など、人間工学に基づいた設計で快適な座り心地を追求。1200デニールポリエステルの厚地シートでしっかりと体を支える。後方への傾きすぎを告知し、転倒を予防するストッパー付。

Etching Chair OW-5013

ローチェア（エッチングチェア）

ロースタイルのトレンドに応えた良質なエントリーモデル

低い座面でくつろぐロースタイルがキャンパーの間に広がりつつあったこの頃、市場には海外のローチェアを模倣した商品が出回っていた。そんな中、開発したのが、より軽く、快適でかつ安価なローチェア。トレンドに対するオンウェーからの一つの回答だ。

名作モデルの模倣品が横行する中で

ちょうどこの2012年頃から、キャンパーたちの間では、ロースタイルの人気が徐々に高まっていた。その中心となっていたのは、1983年にアメリカのライダーが開発した組み立て式の「カーミットチェア」なのだが、市場ではその模倣品や改造品が横行していた。オリジナルはオーク材のところをアルミパイプを使う、また角材を丸パイプに改造する、さらに安価な木材に代替するなど、様々な類似品が出回っていたのだ。

そうした風潮の中で、オンウェーは模倣品ではないローチェアを独自開発することにした。目指したのは、オリジナル、模倣品含めて既存の市販品よりも軽く、座り心地が良く、携帯性に優れ、かつ手頃な価格のローチェア。当時、ネット販売をスタートした時期でもあったが、オンウェーチェアのエントリーモデルとしてビギナーでも購入しやすいよう、ラインナップの中でも最も安価に設定した。

工夫と快適が詰まったシンプルな椅子

エントリーモデルといえども、むしろだからこそ、シンプルで小ぶり

低い座面でくつろぐロースタイルが、静かな広がりを見せていた。

な前後開閉タイプのこの椅子、エッチングチェアには、様々な工夫と細やかな配慮を盛り込んだ。

市販品より広い座面幅：座面の幅を49.3cmとし、市販品よりも広く設計。全体は小さな椅子だが、座面は大きなサイズの椅子と同じ幅を取り、ゆったりと座れるようにした。

市販品より軽量：総重量をわずか1.7kgに抑え、軽量化を図った。1gでも軽くするため、アルミ成形した肘掛けにはデザイン上のアクセントにもなる複数の穴を開けた。子供の指が入って事故が起きないよう穴の径を小さく取る配慮もしている。

背たれの後ろには、収納時に楽に運べる肩掛けベルトを付けた。

全体を黒で統一したシックな外観は、様々なシーンにマッチする。ロースタイルチェアの良質なスタンダードとして開発した。

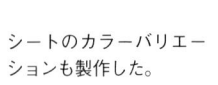

シートのカラーバリエーションも製作した。

市販品より良好な座り心地：座面幅以外にも快適に座るため、下記のような工夫をしている。

1. 市販品は、背もたれが直角に近い製品が多く、しばらく座っていると窮屈に感じる傾向がある。エッチングチェアでは、最初から足を伸ばしてゆったりと座ることを前提に座面と背もたれの角度を設定し、長時間座っても疲れにくい設計にした。
2. 背もたれ上部の水平パイプは、人間の背中のカーブを念頭にした角度をつけて曲げている。さらに、シート生地との間にスポンジを装着。背中を預けても痛くならない工夫を加えた。
3. 横方向への転倒を防ぐため、脚部パイプのコーナーを、パイプが破裂せず、凹みも出ないギリギリの最小角度で曲げ、パイプの接地部分を長くした。この曲げ加工は、脚部と背もたれを３つのU字形パイプで構成するシンプルな設計にも貢献している。

安全性への配慮：アルミ材をプレス加工した肘掛けは、切断部分にバリが出る。ケガの元になりかねないため、表面の粉体塗装でバリをカバーし、体に当たらないようにした。

スタイリッシュな外観：キャンプ場に限らず、どんな使用環境にもマッチするよう、肘掛けの粉体塗装に合わせてフレーム、座面ともあえてブラックで統一。シャープで都会的なイメージを狙ったデザインでもある。

携帯性を重視：例えば、駐車場からキャンプサイトまでのちょっとした距離でも、椅子やテーブルを抱えて運ぶのは楽ではない。運搬の負担を考えて、エッチングチェアでは肩に掛けるベルトを標準装備した。さらに運搬中や収納時に開かないよう留めるボタンも加えてある。

シンプルな前後折りたたみタイプの、どこにでもありそうな椅子に見えて、ディテールのそこここに開発者の工夫が秘められている。一見、目立たないようで、座ってみるとその良さが伝わる。自己主張よりも誠実さを大切に作り上げたエッチングチェアは、ロングセラーとなっている。

ミニテーブル3代目

Touring Table OW-42X

ツーリングテーブル

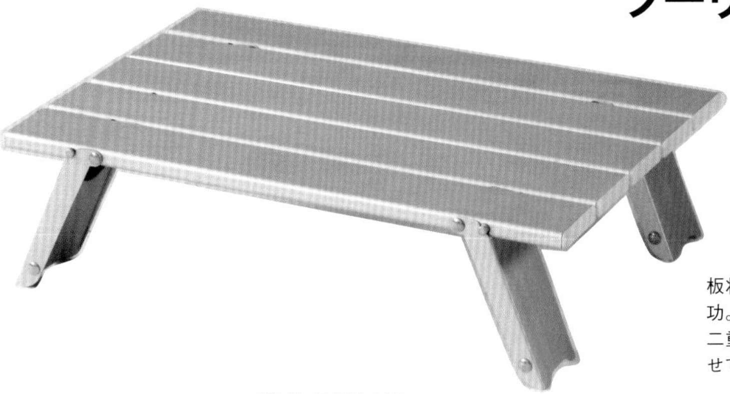

板状の脚に替えることで軽量化に成功。開閉もより簡単になった。脚は二重構造になっており、スライドさせて高さを変えることもできる。

進化を続ける
小型テーブル

1996年に初代、続けて2代目（p.38）を開発して以来、より使い勝手の良いツーリング向け小型テーブルを求めて開発を続けてきた。「より軽い製品を」との得意先からの要望に応え、考案したのがこの3代目だ。

まず、パイプを使っていた脚部を、フラットな板状に。天板裏にしまい込める形に変更した。シンプルになる分、軽量化できるが、従来は裏から水平パイプで支えていたロール天板を「どうやって使用時にフラットにするか」そして「脚をどう固定するか」が課題だった。

これを解決したのが、天板パイプの「内部に棒を通す」というアイデアだ。細い棒を5枚すべてのパイプに貫通させることで、平らな状態に固定できる。板状の脚部は両端の天板パイプに取り付け、簡単に開閉できるようにした。使用時には、パイプに貫通させたポールの端が、ちょうどロック機能を果たし、脚の開く角度と天板を固定できる仕組みだ。

このシンプルで使いやすい構造が支持を広げ、今もなお模倣品が世界中に出回っている。

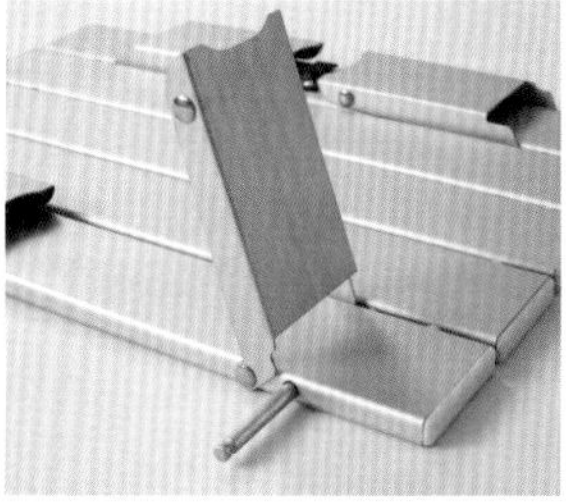

この細い棒を通すことで、天板をフラットに固定できる。

貫通した棒の端が、脚の開きを制御するロックの働きをする。

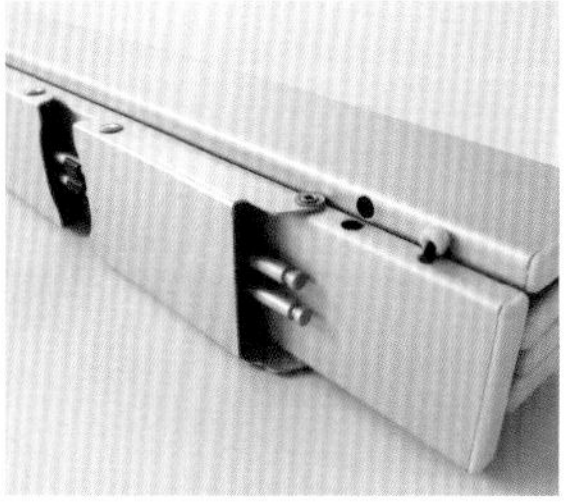

脚部の内側に2本の棒を収められ、折りたたんだ天板パイプの内側にすべてがコンパクトに収まる仕組み。

2002

ミニテーブル４代目

Touring Table OW-5663

ツーリングテーブル

薄く軽い
天板のための新機構

脚だけではなく天板を削れば、さらなる軽量化ができる。問題は、数枚の天板をどうやってつなぎ、フラットに固定するかである。

４代目では､ロール天板のパイプを板にすることで軽量化を実現した。板裏には２ミリほどの補強リブを設け、このリブに穿った切れ込みにＴ字形のバーを貫通させることで、４枚の天板を連結・固定するのだ。完成してみれば単純にも思えるが、わずか２ミリ幅のリブに、バーがまっすぐに貫通するよう切れ込みを入れるには､非常に高度な技術が必要だ。

また、天板と脚部のそれぞれと両者の接続という、３要素を複合的に固定する仕組みも、このテーブルを可能にした重要な発明である。脚部に採用した「Ｌ」字形板にスリットを入れて、中央収束のための定向摺動を確保。天板との連結は丸ビスを使ったシンプルかつ特殊なロック機構で､天板とＴ字バー、脚部を同時に固定するという仕組みのおかげで､商品化にこぎつけたのである。

左：小型軽量ながら、組み立てるとしっかりと安定したテーブルになる。

下：脚に縦スリットを設けたことで、中央収束が可能になった。

下：収納時はテーブルもすっきりコンパクトにたためる。

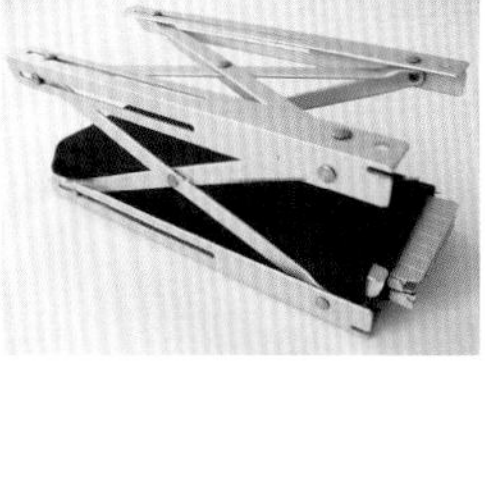

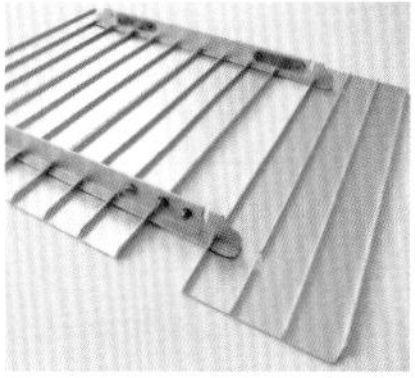

上：天板裏のリブに入れた切り込みに、Ｔ字形のバーを貫通させる仕組み。

2002

ミニテーブル５代目

Touring Table OW-350

ツーリングテーブル

パスポートサイズの
小型化を実現

ツーリングなど一人旅のシーンに向けて、十数年にわたり開発してきた５代のミニテーブル。常に「より小さく、より軽く、より携帯しやすく」を命題として改良、発明を重ねてきた、そのひとつの到達点が、このテーブルと言えるだろう。

使用時は、B4サイズに近い大きさ。収納時は、実際のパスポートとまではいかないが、大きめのスマートフォンほどのコンパクトなサイズに仕上がった。ユニークな組み立て方法は、「まるでIQテストのようだ」と言う人もいるが、一度経験すればパズルのように楽しめるはずだ。

B4サイズ程のテーブルが、驚くほど小さく収納できる。

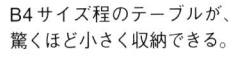

ティーブレイクはもちろん、ちょっとした食事にも使える大きさ。

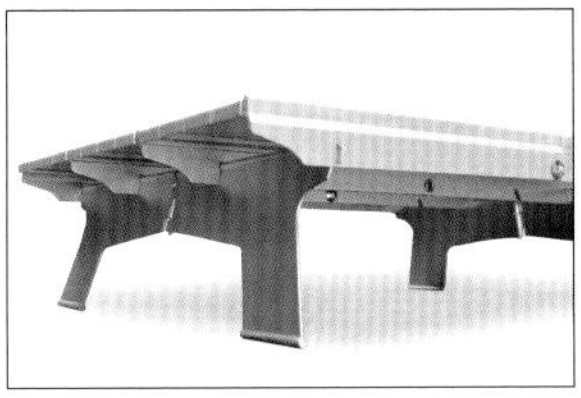

脚と桟の役割をするフレームで天板を固定する構造。

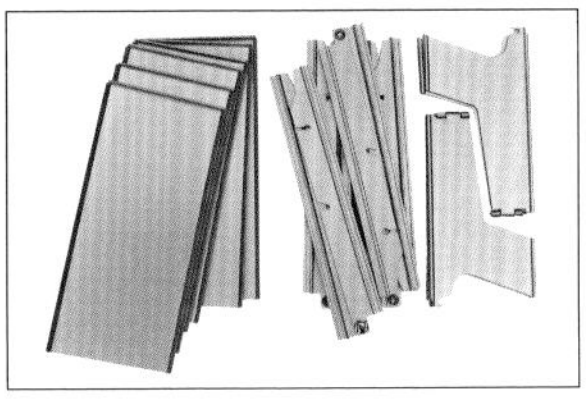

６枚の天板パネルと脚、フレームのパーツに分けて収納。

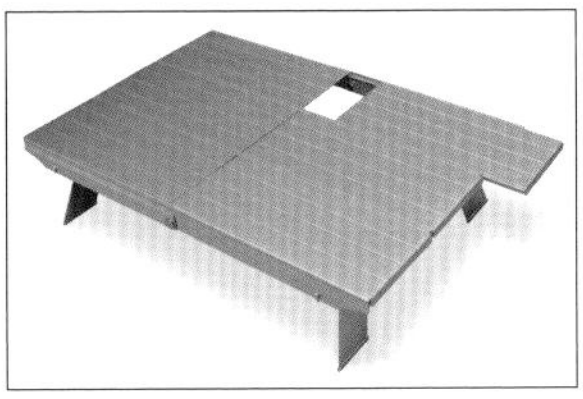

手順がわかれば、組み立ててもパズルのように楽しめる。

2001

Two Way BBQ Table OW-1036

ツーウェイバーベキューテーブル

右：苦心の末に完成したロール式のバーベキューテーブル。バーベキューをしない時には、グリルラックのトレーを外して穴部分に載せ、通常のテーブルとして使うこともできる。

下：継ぎ足した脚を外せばロースタイルでも使用可能。2つの意味でツーウェイと言える。

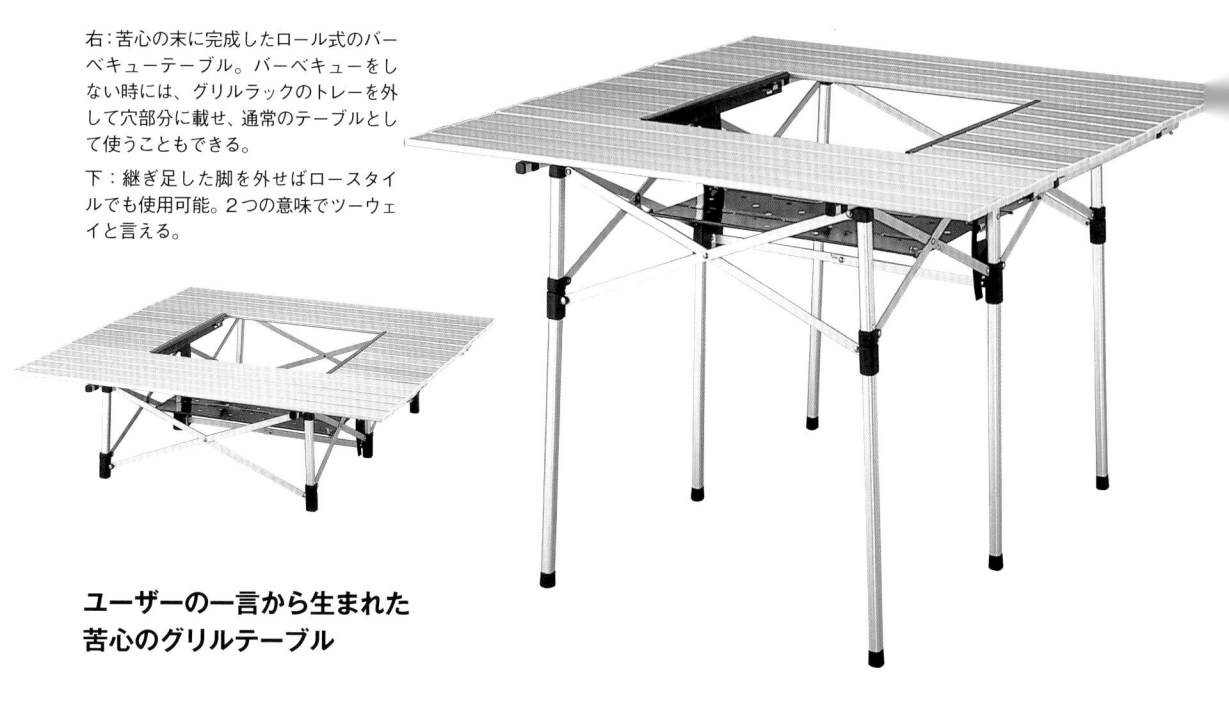

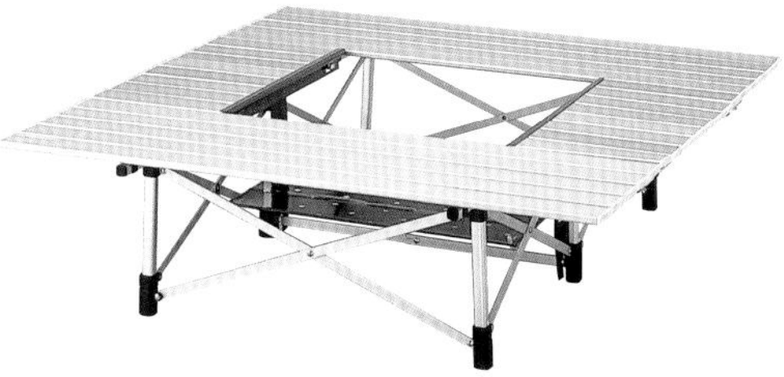

ユーザーの一言から生まれた苦心のグリルテーブル

省スペースを求める時代に

ロールテーブル（p.34）に「バーベキューができる機能が欲しい」。ユーザーからのその一言に応え、グリルを囲んで料理しながら食事が楽しめるテーブルの開発に苦心することになった。

ロールテーブルの天板は板状パイプを並べたものなので、一部のパイプをカットすればグリル用の穴ができる。ただし、そこから先が簡単ではなかったのだ。カット部分の下には支えるバーがないため、そのままでは水平面がフラットに揃わない。そこで断面に樹脂キャップを付けることで板状パイプ同士の高さを揃えたのだが、今度はその樹脂がグリルの熱で変形してしまう問題があった。さらにグリルを設置するためのラックを作らないとバーベキューテーブルにならないのだ。

これらの課題をクリアすべく模索を繰り返したが、最終的に解決のカギとなったのは、L字型の金属板だった。カット部分に付けることで天面をフラットに揃え、断面の樹脂をカバーして遮熱できる。さらにこの金属板にフック穴を開けて、グリルラックを吊るすフックを掛けられるようにしたのだ。試行錯誤の末にようやく完成した労作の一つである。

Mini Picnic Table Set OW-N60

ミニピクニックテーブルセット

世界初、アタッシュケースに入った
アウトドアファニチャー

アルミ製折りたたみスツールの開発が、
次々と新たな着想を得て、２人掛けのセットに展開。
スーツケースに収まった
世界初のピクニックテーブルセットが誕生した。

スーツケースをテーブルにする

発端は、ありふれた木製の折りたたみスツールをアルミで作るという計画だった。ただ素材を木材からアルミに替えるだけでは面白みがないと、アルミロールテーブルOW-109（p.34）の端材を座面に活用することにした。これを２脚セットで販売する予定だったが、オールアルミ製とはいえ、やはりスツールだけでは低価格品の印象になる。量販店で安売りするタイプの製品は、オンウェーの開発ポリシーには合致しない。

そこで、スツール２脚をテーブルになるケースに入れてセットにすることを考えた。それも、当時人気の的だった〈ゼロ ハリバートン〉をイメージしたスタイリッシュなケースに。

収納問題が転じて２ウェイ機能に

スツール２脚分、つまり２人掛けを前提とすれば、テーブルも小ぶりがちょうど良い。テーブル＝ケースは、スツールが天板裏にぴったり収まるコンパクトなサイズとした。が、しかし問題はテーブルの脚部である。ケースに収まる長さに合わせると、ローテーブルになってしまう。食事に適したピクニックテーブルの高さにはならないのだ。

その対応策として、脚をジョイントして高くする方法を採用したのだが、その結果、高さを変えて２ウェイで使えるテーブルになった。脚を継ぎ足しても安定するように、元の脚部とジョイントする脚部の両方をU字型バーで補強。脚部にも、アルミロールテーブルOW-109と同じ角パイプを使ったのだが、ローテーブルとして使う際に丸パイプよりもU字部分の接地面が広くなり、安定感を高める効能もあった。さらにU字のカーブをケースの角の丸みと合わせることで、見た目も美しく、ピタリと収納できる。

アルミ複合版が可能にした軽量、かつスタイリッシュなケース

テーブルの天板となるケース外面の素材には、やはりピクニックテーブルセット OW-8282（p.69）で初めて採用したアルミ複合版が最適と考えた。〈ゼロ ハリバートン〉のイメージとは言っても、同じ素材でテーブルセットを作ったのでは、とても持ち運べる重さにはならない上に、そもそもコスト的に現実的ではない。この２人掛けセットでは、アルミ複合版の芯にあたる樹脂部分を吟味してリサイクル素材を利用。軽さ、強度はもちろん、コスト的にも、納得のゆくテーブル＝ケースが完成した。これが、後に続くオンウェーのアルミケースシリーズの第一号であり、世界的にも初めてのアルミケース入りピクニックテーブルセットとなった。

イメージモデルとしたゼロハリバートン。1940年代からハリウッドスターに愛用され、アポロ11号の探査で月の石を運んだことでも知られる、アルミケースの最高峰。

スツール２脚とテーブルの脚部がピタリと収まる設計。収納時の美しさにもこだわった。

アルミの質感が美しいシンプルなスーツケースが、ピクニックテーブルになるとは誰も想像がつかないだろう。

コンパクトなケース兼テーブルにスツール2脚を収めた画期的なセットとなった。天板は2人掛けに十分な広さがある。

脚を継ぎ足さずにそのままローテーブルとして使うこともできる。

Wing Table OW-12

ウィングテーブル

３アクションでたためる
多方向ジョイントの革命的メカニズム

ネジも天板の取り外しも不要。
このシンプルさに達するために
多大な工夫と発明が注ぎ込まれ、
かつてない機能性を誇るテーブルが誕生した。

オーストラリアからの依頼

2002年、オーストラリアのある得意先から打診とともに数枚の写真が送られて来た。写っていたのは現地の公園によくある鉄製の組み立て式テーブル。収納時には三十数個のねじを外して、脚部の鉄片を束ねるという。オンウェーで扱うタイプのものとは思えず、一旦は断った。ところが、何かの行き違いか、３カ月後に「まだできていないのか」と催促されてしまったのだ。

オンウェーにそぐわない依頼とはいえ、こうした折りたたみテーブルに要望があるというのも事実である。ならばと、オンウェーなりの工夫を加えてクライアントの要求に応えるべく、開発を進めることになった。送られてきた写真のことは忘れ、「金属製折りたたみテーブル」をテーマに、構造は自由として社内コンペをかけたのだ。

前提として、①収納できること　②開閉にねじ不要　③全ての部品を連結し、部品の紛失を防ぐ　④軽量であること　⑤美しいこと

これら５点を条件として本格的な商品開発が始まった。

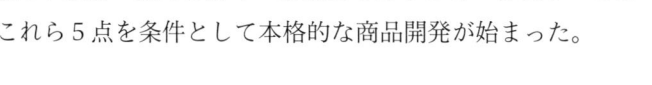

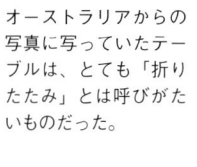

オーストラリアからの写真に写っていたテーブルは、とても「折りたたみ」とは呼びがたいものだった。

天板と脚部は固定されているが、このまますっきりとたためる構造だ。

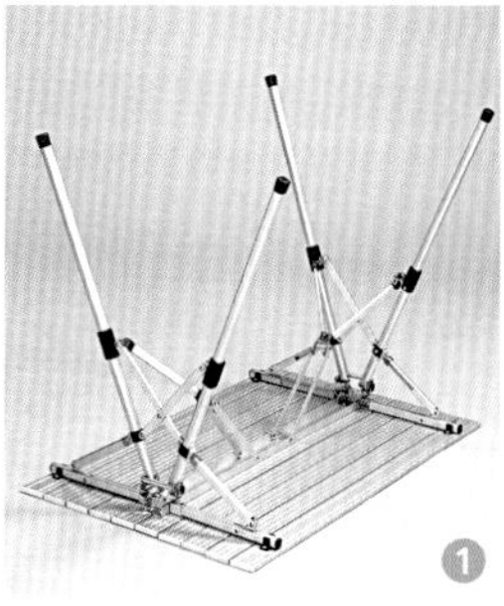

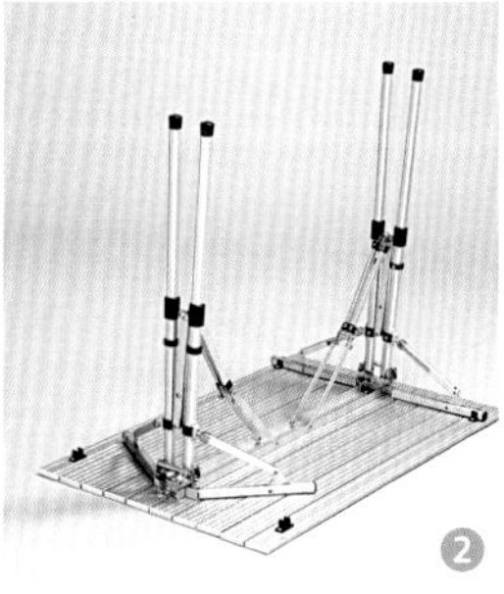

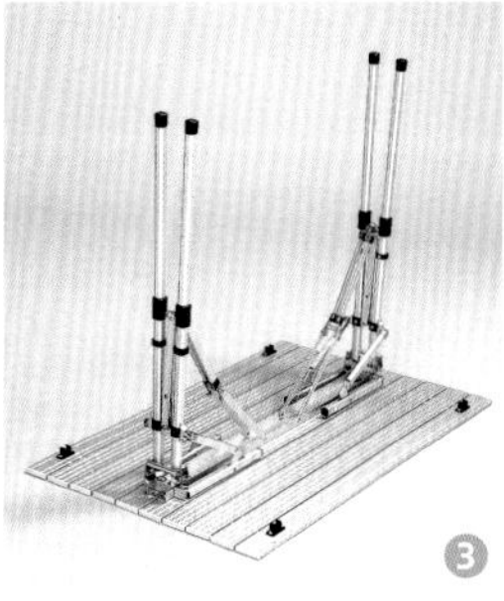

①V字形の脚を閉じ、②天板短辺裏のバーを中央に閉じ、③脚を倒せば脚がたためる。④このまま天板を巻き込める。

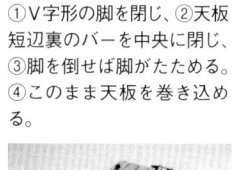

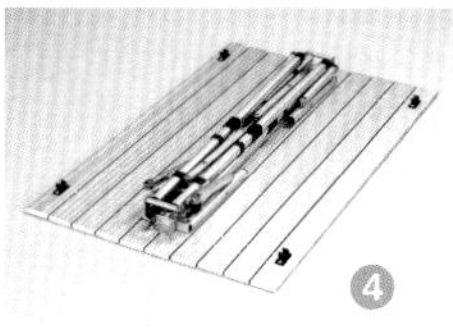

多方向可動ジョイントによるブレイクスルー

天板は、OW-109で開発したアルミロール天板で早々に決まった。問題は脚部構造である。アルミロールテーブル以上のものにするには、以下5点の課題をクリアした脚部が必要と考えた。
A. 天板との固定　B. 自立すること　C. 開閉が容易であること　D. 安定性　E. 美しいこと　A. 天板との固定方法は、OW-109のオンウェー特許のクリップ方式を採用すればよい。問題はB. ～E. の4点だった。どんな形で組むか？　昔ながらのX型ではおもしろみがない。OW-109と同じでも新鮮味に欠ける上、ひざが天板下に入らないという弱点もある。さらに重要なのが開閉の機構だ。これらを一気に解決したのは、たった一つの部品だった。「相反する方向への回転が可能」という、多方向可動ジョイントの発明が、ブレイクスルーをもたらしたのだ。

天体望遠鏡と鉄塔

天板裏中央で「背骨」役となる補強バーが固定してある。その両端で、脚部の要となるのが多方向可動ジョイントだ。写真でわかるように、V字形の脚は、まず天板に対して垂直方向に回転して閉じ、次に平行に回転して天板と重なる。さらに、天板短辺を支えるパイプが中央に向かって回転して二つ折りになる。いわば3次元方向に回転できる部材なのだ。

これを編み出した担当者によれば、ヒントは天文台の望遠鏡だという。開閉、回転と多方向に動く天体望遠鏡から発想したというのだ。しかし、それだけに精度が要求される。それぞれの開閉部材は、高精度の加工によって初めて三方向への回転が自在となるのだ。まったく新しいこの脚部部材は、さらに簡単なロック機能まで備えている。この多方向可動ジョイントの発明で、これまでになくシンプルで安定感があり、開閉容易で美しい、すっきりとしたフォルムを持つ折りたたみテーブルが誕生した。

このテーブルが発売されてから国内外で話題となり、オーストラリアの依頼主までもが驚いた。一方、話題になったにもかかわらず、コピー品の多いアウトドアファニチャーの世界でも未だに本製品の模倣品は見かけない。というのも、構造はシンプルに見えて製造は難しいのだ。部品一つでも精度が落ちれば、開かない、閉じられないテーブルになってしまう。しかも製造には、92個もの金型が使われている。本気で模倣するには覚悟が必要、というわけだ。

Compact Table Set OW-103

コンパクトテーブルセット

ベンチの脚とテーブルがピタリと収まるスリムなケースは、まるで楽器かスポーツ用具が入っているようにも見える。

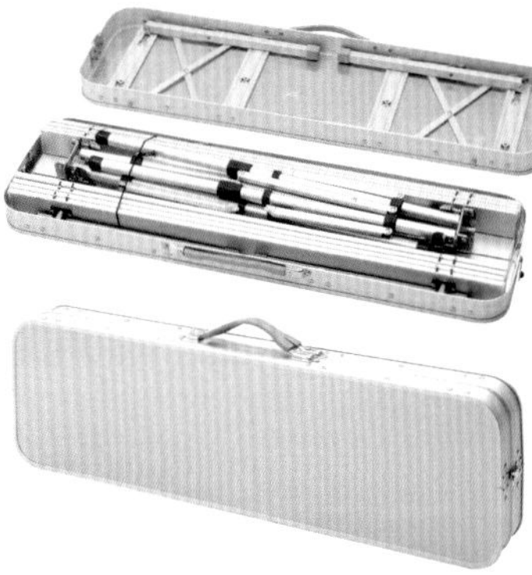

多方向可動ジョイントのおかげでウィングテーブルができたからこそ、コンパクトな４人掛けセットが可能になった。

世界初、ケースに座れるテーブルセット

最初は、ウィングテーブルOW-12のためにケースを作ろうと考えていた。簡単、かつコンパクトにたためるウィングテーブルならではの、洒落た木製のケースなどを。しかし、単なるケースではユーザーにとっては不要品になりかねない。ならば、そのケースに座れるようにしてはと考えたのだ。

ウィングテーブルを収納するには、幅30cm弱、長さ90cm強のケースで充分だ。２人掛けのベンチにちょうど良い大きさでもある。フタと本体が分かれるケースにすれば２人掛けベンチが2台、つまり４人掛けのセットになる。二つ折りにしたテーブルをケースとして椅子を収納するセットは100年以上前からあるが、その逆は世界初だった。ただし、残念ながら、この「座具にテーブルを収納する」という画期的な発明のパテントを取得しそびれたため、その後、続々と類似品が市場に現れることになった。

2002

Game Table OW-122

ゲームテーブル

８本脚を たたむという難問

アメリカからの依頼で着手したゲームテーブル。
八角形天板というアイデアの先には、
この巨大天板をどう支えるか、
脚部をどうたたむかという難問が待ち構えていた。

カードゲームのための八角形

アメリカの得意先から依頼されたのは、ポーカー用のテーブル。もちろんカジノ用ではない。ポーカーは、アメリカではいたってポピュラーなゲームで、家族や親戚、友人たちと気軽に楽しむものだという。そのための折りたたみテーブルを作ることになったのだ。

従来の二つ折りテーブルのサイズを大きくすれば良いのだが、それではおもしろくない。カードゲーム用としてよくある半円や楕円形天板に４本の脚を付けたものよりも、むしろポーカー用に特化したテーブルはどうだろう？　実際にポーカーをする場面を思い浮かべると、両手をテーブルに乗せていることが多い。つまり脚部がしっかりしていないと、両手を乗せた人の反対側が浮き上がり、ひっくり返る怖れもある。そこで、脚の数を８本に増やすという案が浮かんだ。おのずと天板は八角形ということになる。さっそくスケッチを書き、工場に試作を指示した。

安定と収納を両立する２方向＆２役サポート

安心して使えるものにするには、まず８本の脚部に安定度の高い固定

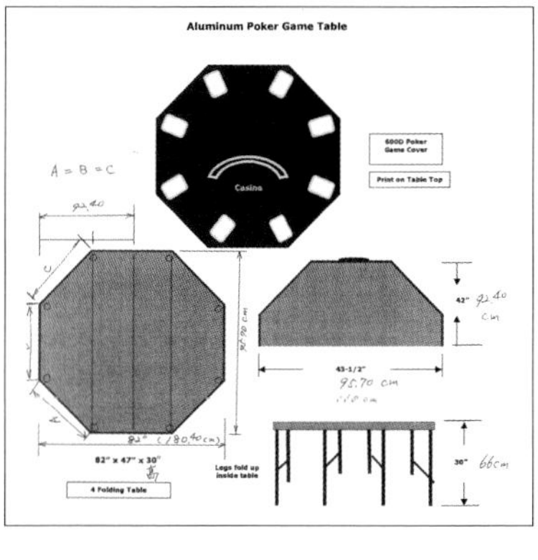

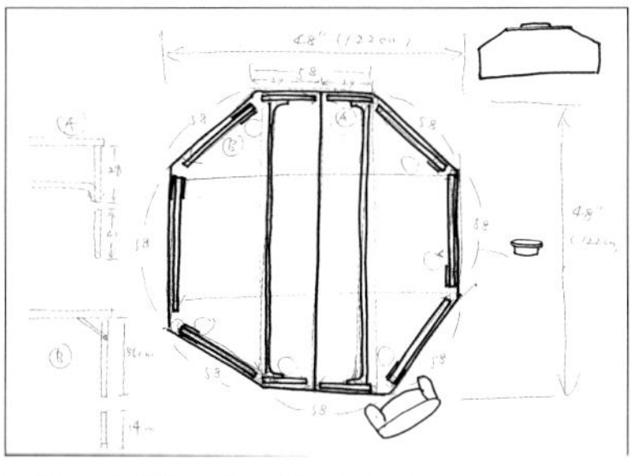

香港の出張先から工場に送ったスケッチと指示書。ここから試行錯誤が始まった。

4人が座って悠々とカードゲームができる大きさと安定感。

ロースタイルでも使える。

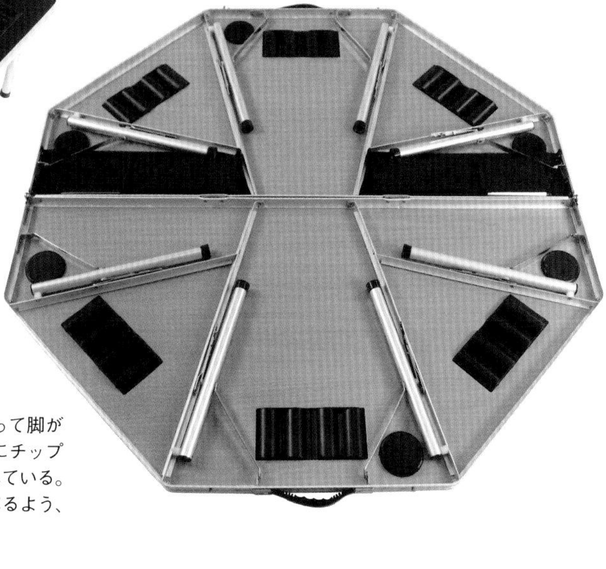

4組計8本の補強筋に沿って脚がたたまれる構造。その間にチップなどのホルダーが設置されている。このまま2つ折にして運べるよう、持ち手も付いている。

方法が必要だ。そこで、各脚にサポートバーを２カ所、天板裏の外周側と、補強板に添った中心寄りに設置する。外周方向と中心方向の２方向からサポートすることで、脚１本ずつの安定度は格段に上がるはずだ。さらにすべての脚をやや外側に向けることで、より安定感を高めた。

もちろん八角形の巨大天板にも充分な強度を持たせなければならない。そのため、天板裏に４対の補強板を配置した。センターに向かって複数の三角形を作ることで天板の補強となり、同時に前述の脚のサポートバーの基点の役も務める。一方、各サポートバーは脚と連動して回転するヒンジでもある。脚を収納するための部材の役も兼ねているのだ。

「サポートバー＝収納のためのヒンジ」「補強板＝サポートバーの基点」と、１つの部品、部材に２役を持たせることで、安定性と収納性が一度にクリアできた。こうすることで部材はもちろんリベットの数も少なくて済む。つまり重量を抑え、製造工程もシンプルにできる。

こうして八角形テーブルの基本ができてから、さらにリクエストが来た。ポーカーチップやトレー、飲み物用のホルダーがほしいという。ユーザーが「持ち帰ってすぐにプレーができるように」というわけだが、これもまた難問だ。というのも、天板裏の補強筋の隙間から、ホルダー用スペースを作り出さなければならないからだ。何度も断りペンディングした末、再チャレンジで微調整をくり返し、ようやく六人用のゲームパーツのスペースを確保した。

完成したゲームテーブルはアメリカで好評を得た後、翌年にはバーベキュー用のグリルラックを搭載した日本国内バージョンも発表。多人数用BBQテーブルとして、今も後継モデルが親しまれている。

庭先などで気軽にカードゲームが楽しめるテーブルが完成した。アメリカでは、ポーカーはごく一般的な遊びの一つだ。

Family Table Set OW-8484

ファミリーテーブルセット

６人掛けセットを
美しく収納する

４人掛けをケースに収めたテーブルセットは100年前からあるが、
それ以上座れるものは存在しない。
ならば作ってみよう。
それも美しく。
アイデアと技術を結集して６人座れるセットが実現した。

10kg以下の前提と４つの条件

オールインワンのピクニックテーブルセットOW-8282（p.69）は、大評判となりヒットしたが、座具が固定され、座面の広さも限られ、使い勝手に限界がある。さらに実用的で、それも６人掛けられるセットを作ろうと考えたのだが、未だかつてなかったものだけにクリアすべき課題も多かった。

まず、持ち運びを考えれば総重量を10kg以内に抑えることが前提になる。さらにその上、以下の４点を開発の条件にした。

①坐具、テーブルともすべてが単品で、構造的に独立して成立すること。
②坐具はそれぞれが80kg以上の耐荷重であること。
③美しいフォルムであること。
④コストを抑え、安価で提供できること。

社内での議論を重ね、まずテーブル天板となるケースには、薄く強度のあるアルミ積層複合材を採用することに決めた。だが、そのまま四角いケースを作るのでは、大きな道具箱に見えてしまう。見た目にも軽快で美しいアルミケースにするには、角に丸みが欲しい。やはり〈ゼロ ハリバートン〉（p.124）の美しさに、ミニピクニックテーブルセットOW-N60以上に迫りたい。

アルミシートを曲げる

しかし、アルミ複合材を曲面に加工する工程は、一筋縄ではいかない。まず、常温ではきれいに曲がらない。方法としては、一定時間加熱してから２秒かけて圧延することになったが、そのための新たな機器が必要だ。コストをあまりかけるわけにもいかないのだ。

社内での論議の結果、町工場でよく使われている金属板の裁断プレス

コンパクトに収納できて持ち運べる
６人用セットができあがった。

上：ケース内側には樹脂のクリップを設置して、ベンチ、スツールそれぞれを固定。収納しやすく、運ぶ際にもガタつかない工夫を加えた。

下：〈ゼロ ハリバートン〉を目指した曲線フォルムのケース。アルミ層には、布のように「目」があり、縦方向と横方向では曲がり方も違う。それを美しく曲げるにはかなりの工夫が必要だった。この薄さに６人分の椅子が収まっている。

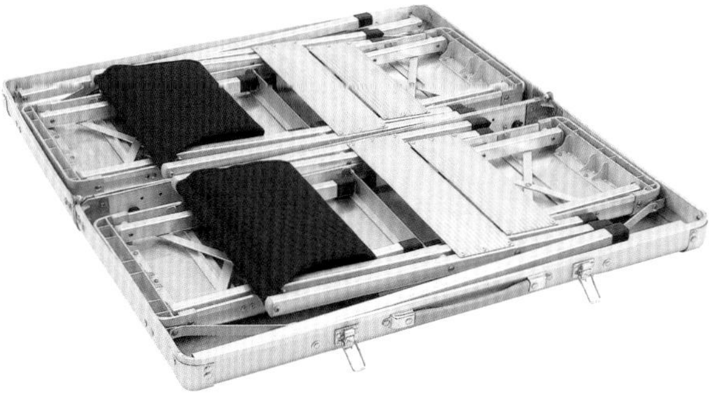

機を購入し、社内で技術者が改造することになった。単純なプレス機２台―熱圧用と冷圧用―から、アルミ天板の曲げ加工ができる独自システムを、低コストで構築できた。完成したケースのフォルムからは想像もつかないような簡素な機械だが、これこそが「秘密兵器」となったのだ。

収納性と耐荷重

　次はどうやって６人分の座具、ベンチ２脚とスツール２脚をケースに納めるかである。ケース内の空間すべてを無駄なく使わなければ収まらない。そこでまずベンチのフォルムをケースに合わせることにした。ベンチの縁と角にケースと同じ丸みを付けることで、ぴたりと納まり、かつ外観も統一される。そしてごく薄くたためるように設計したスツール２脚を、それぞれベンチ座面の裏側に納めることにした。

もうひとつの課題は、耐荷重性だ。本来、軽量・コンパクトなことと耐荷重性は矛盾するもの。軽量化とせめぎ合いながらも、耐荷重性を確保するために以下のような対策を講じることにした。

①ベンチ座面裏に鉄の補強板を設置して、大人ふたり分の体重を支えられるようにする。

②ケースに合わせた丸みをベンチにも持たせることで、座面の表面強度を高める。

③スツールの座面を支える両側のバーには、内側に複数の補強筋を入れた丸パイプを採用する。

これらの工夫によって、総重量10キロ未満、６人が座れ、清潔感もあり、外観もすっきりとしたフォルムのテーブルセットが完成した。オンウェーの技術とアイデアの集大成ともいえる一品である。

１セットあれば、ちょっとした野外パーティーにも活躍する。

2006

Century Table OW-2000

センチュリーテーブル

エッフェル塔のアーチが支える
特大テーブル

特大サイズのテーブルという
リクエストを実現したのは
ハイテク素材、そして
ヨーロッパの英智が磨いた曲線だった。

航空機の素材でテーブルを

2006年、アメリカから「特大サイズのテーブル」というオファーが入った。オンウェーの既存品は最大でも長さ180×幅80cm。それ以上のものとなると相当な重さとなり、開発の基準としている重量10kg以下の条件をクリアできない。そもそもそこまで重くては、持ち運べる折りたたみテーブルにする意味がなくなる。構造も素材もすべてを一新しなければならなかった。

そこで、天板の素材に採用したのが、アルミハニカムという素材である。航空機の構造材料などに使われるものだが、当時、顧客と価格の折り合いがつかずに残っていたのだ。

ハニカムは、蜂の巣のように六角柱を隙間なく並べた構造のことで、強度と軽さを両立させることで広く活用されている。ハニカム構造の芯材を薄いアルミ板でサンドウィッチしたものがアルミハニカム素材だ。非常に軽く、高い強度があり、しかも表面は平滑なので清潔を保ちやすく、美しい。この素材を採用することで、2メートルという長尺天板が可能になった。

優美なエッフェルアーチを脚部に

薄脚部の構造を決めたのは、パリへ向かう列車の中で脳裏に浮かんだアーチ型だった。このオファーを受けた時、インスピレーションを求めて、建築の宝庫であるヨーロッパへ旅に出た際のこと。各地で目にした半円アーチ状の建築造形が心の隅に引っかかっていることに気づいたのだ。そしてパリで目の当たりにしたエッフェル塔が、脚部のフォルムを決定づけたのだ。

エッフェル塔のアーチをテーブルの脚部で再現するには、継ぎ目なく

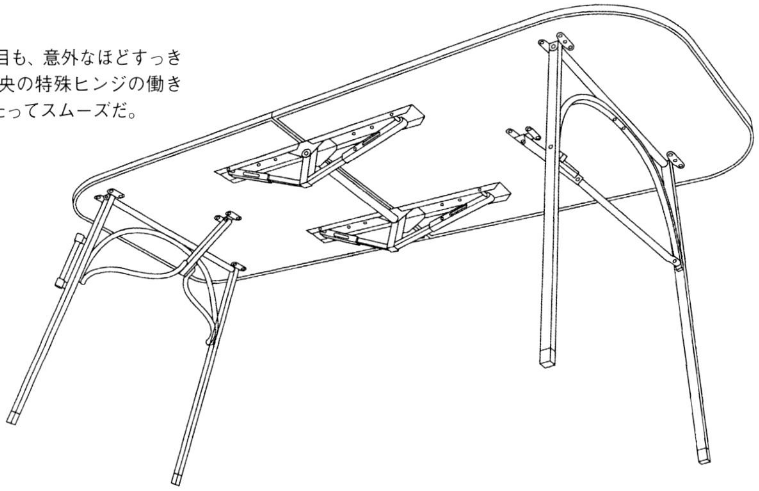

天板裏からの見た目も、意外なほどすっきりとしている。中央の特殊ヒンジの働きで、開閉動作もいたってスムーズだ。

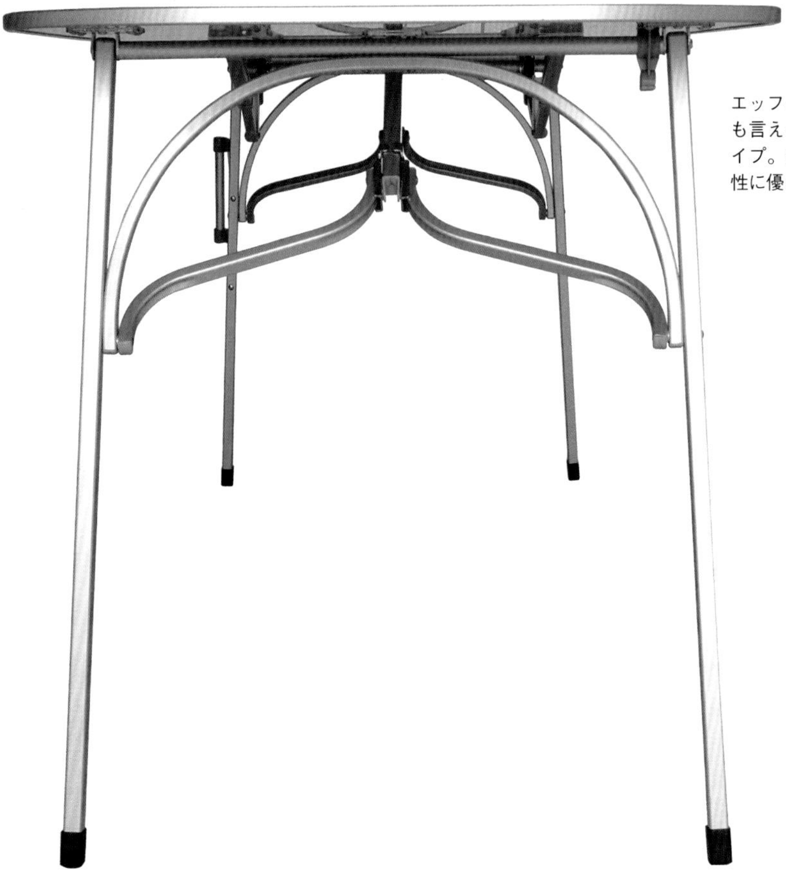

エッフェル塔へのオマージュとも言えるアーチ型の脚部補強パイプ。美しいだけでなく耐過重性に優れている。

1本で大きな弧を描くパイプが欲しい。それには大きな金型も必要になる。通常の製造現場では「作りやすさ」が優先されるものだが、フォルムの美しさに関してはどうしても妥協できなかったのだ。

機能と大きさだけではない、世紀を超えて使える美しさを追求し、実現したこのテーブルもまた、オンウェーの代表作の一つとなった。

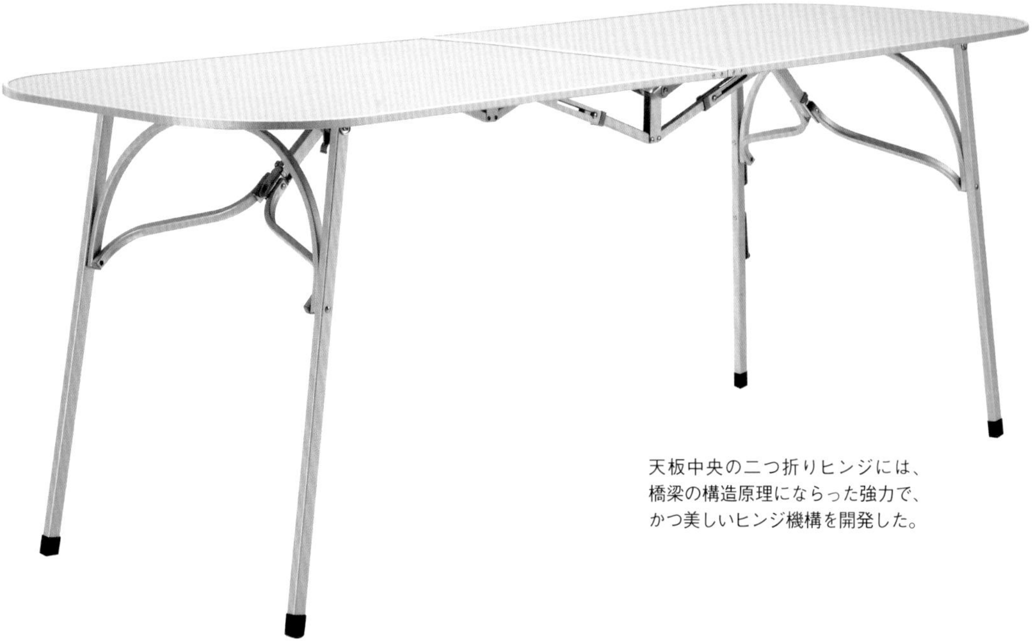

天板中央の二つ折りヒンジには、
橋梁の構造原理にならった強力で、
かつ美しいヒンジ機構を開発した。

上：アルミハニカムの薄く軽い天板なので、二つ折りにして持ち運べる。

下：19世紀末、当時の鉄道技術を駆使して造られたエッフェル塔は「縦にした鉄橋」とも呼ばれた。
Photo by Benh LIEU SONG
Wikimedia Commons より

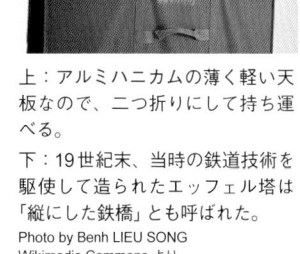

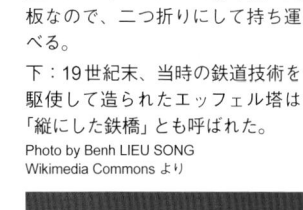

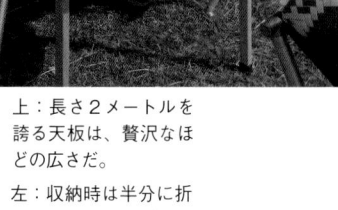

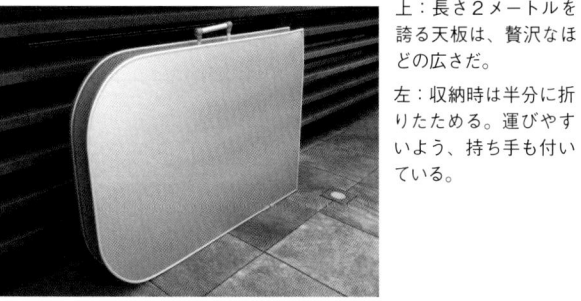

上：長さ2メートルを誇る天板は、贅沢なほどの広さだ。

左：収納時は半分に折りたためる。運びやすいよう、持ち手も付いている。

異なる方向への動きが可能な多方向ジョイントだからこそ、天板と脚をワンアクションで同時に開くことができる。

Butterfly Table OW-233
バタフライテーブル

軽く丈夫なアルミ複合版のミニテーブルは、ツーリングなどにうってつけだ。

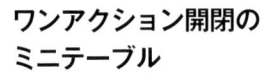

アルミ複合材の滑らかな表面感が美しい天板は、少ないリベットでしっかり支えられているので、拭きやすく、清潔を保ちやすい。

ワンアクション開閉のミニテーブル

この頃、アルミ複合板の端材が大量に出て、何かに再利用できないものかと悩んでいた。あくまで他の製品用に裁断した残りなので、サイズは限られる。天板として再利用するには、やはりミニテーブルが最適なのだが、ありきたりのものではつまらない。当時、通常サイズのテーブルでは、ワンアクションで開閉するものが他社から出ていたが、その「ミニ版」を開発してみようということになった。

全体の構造は、ウイングテーブルOW-12の仕組みを基本とした。まず脚部の骨組みがあり、そこに両側の「翼」として天板を付ける。要となるOW-12の「天体望遠鏡」形多方向ジョイントは、その簡易版を考案。このジョイントによって、天板を支えるダイキャスト製のメインフレームにV形の脚を差し込む仕組みが可能になった。さらに天板の縁部を利用してメインフレームを連結することでリベットの数を抑え、すっきりと清潔なテーブル表面に。フレームを開くだけで脚と天板が固定できるワンアクションミニテーブルが完成した。

2010

Easy High Table OW-1045

イージーハイテーブル

多方向ジョイントを活かした多用途テーブル

ウィングテーブル OW-12で開発した多方向ジョイントの活用形は、前ページのミニテーブルに留まらない。ロール天板との組み合わせで、86cmの高さに棚まで備えたシェルフ形でありながら驚くほどコンパクトに折りたためるクッキングテーブルも可能なのだ。同時に異なる方向に動くジョイントにより、ワンアクションでフレームが開閉。ロール天板と棚板を載せるだけで、清潔で使い勝手の良い屋外キッチンテーブルが現れる。室内のシェルフとしても活用度は高い。

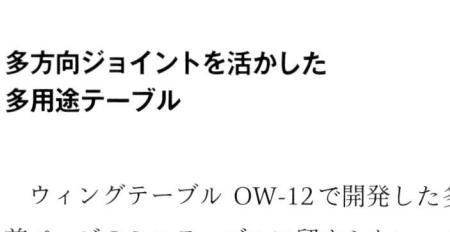

上段天板は調理しやすい高さ86cm、下段の棚は高さ48cm。下段は食材や鍋の置き場所に便利だ。

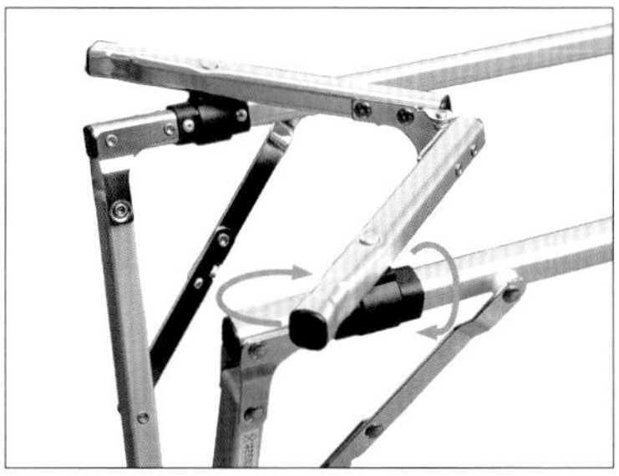

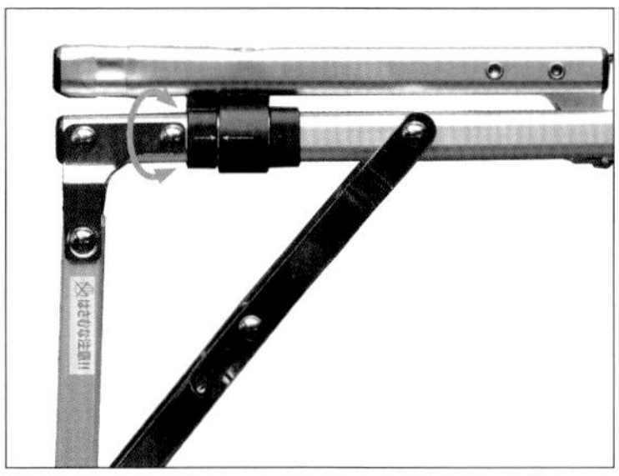

天板を受けるパイプは、同時に水平方向と垂直方向に回転して開閉。ロングヒンジ（p.187参照）を使い、天板を支えるための荷重性を確保した。

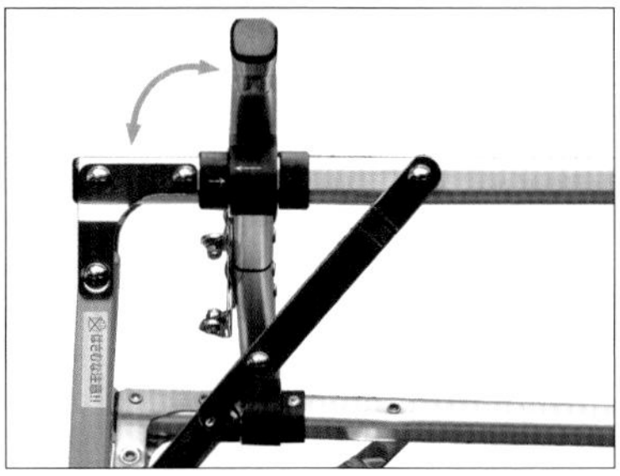

右上：X形脚部の開閉に伴って、黒いプラスティックパーツが垂直方向に回転する。
右下：天板受けパイプは同時に水平方向に回転。

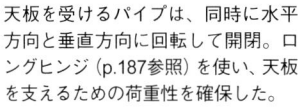

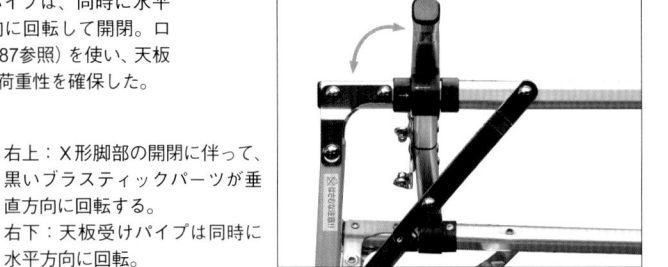

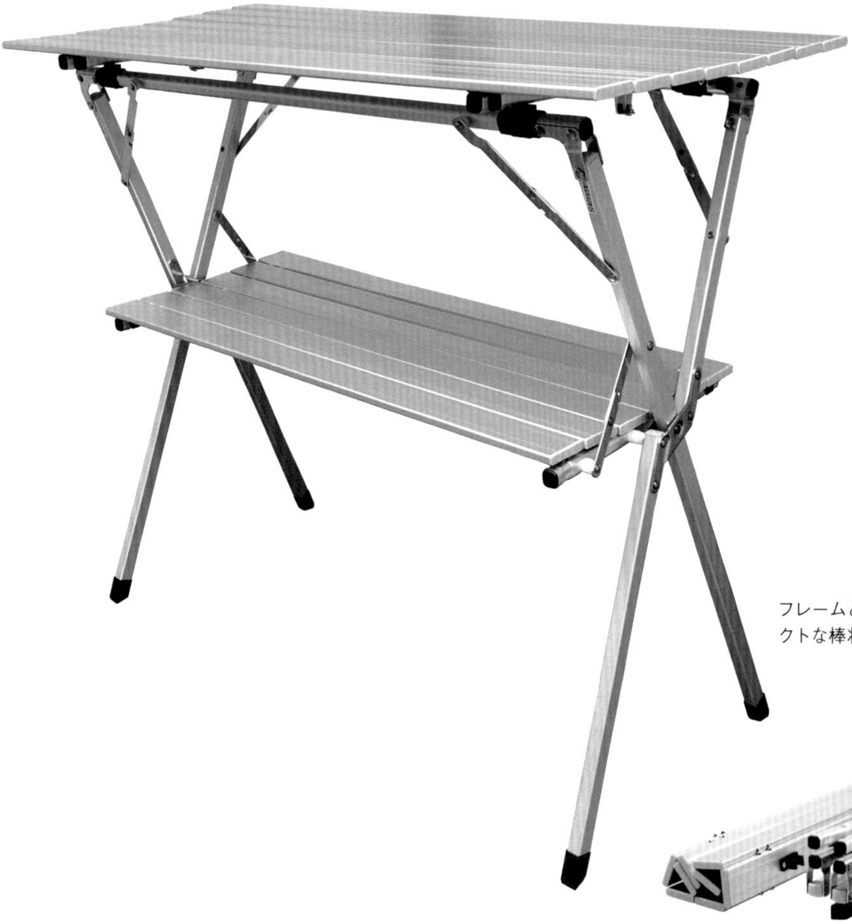

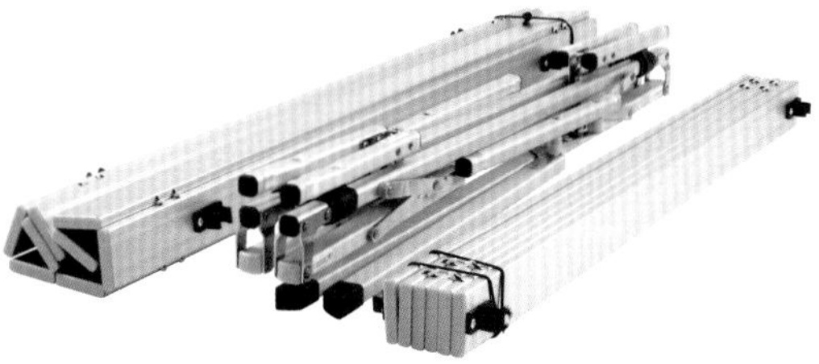

フレームと天板、棚板は、どれもコンパクトな棒状に折りたため、かつ軽量。

2005

Basket OW-2831
バスケット

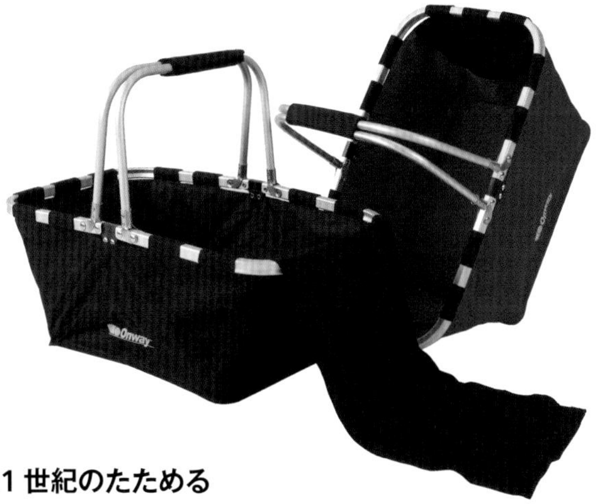

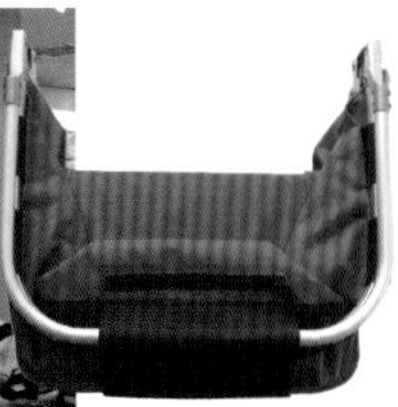

上：モダンで使い勝手の良いエコバッグとして、エコロジー先進国ドイツで高評価を受け、展示会でリクエストを受けたわずか３カ月後には、ドイツの一流デパートの店頭に並んだ。

上右：持ち手の面ファスナーを外し、左右に倒すだけでたためる。

21世紀のたためる買い物カゴ

「昔ながらの買い物カゴを折りたたみにしてほしい」。ドイツ、フランクフルトでの『インテリアライフスタイル2005』展で、オンウェーのブースを訪れた二人のドイツ人からのリクエストだった。昔ながらの籐カゴの写真を見せ、エコバッグとして使える折りたたみカゴに変身させてほしいというのだ。しかも１カ月で！

まずは２週間かけて基本構造を考案。６本のU字形フレームを生地に縫い込んで連動させ、グリップを面ファスナーで留めて全体を固定する仕組みである。持ち手になる両外側フレームを中央へ寄せるに従いバスケット全体が開く、きわめてシンプルな動作で開閉できる機構だ。

さらに、エコバッグとして日用に耐えるため、以下のような工夫も加えた。
①フレームにはアルミパイプを使用し、軽量化。②連結パーツには水に強いステンレス素材を採用。③開いた際に底部が自動的に拡張して自立するよう、中央２本のフレームにはスプリングワイヤーを使用。④スプリングワイヤーは生地を二重にして縫い込み、内部に固定することで、開く際にハンドル、開口部フレームと連動させる。⑤内部が見えないよう、開口部を覆える伸縮性のあるナイロン地のカバーを付ける。

完成したバスケットは、瞬時に開ける使いやすさから、まずドイツで大反響。注文が殺到し、ドイツの一流デパートにも並ぶことに。素朴な籐のカゴが世紀を超えて、アルミとナイロン生地の21世紀バージョンに変身したのだ。

CHAPTER 4

オンウェー成熟期 2013-2020

社会的背景

第二次アウトドアブーム

キャンプブーム再来

一度はすっかり下火になったアウトドアレジャーも
2013年から再び注目が集まり、キャンプ人口が増え始めた。
「第二次アウトドアブーム」と言える状況だが、その背景や内容には、
第一次ブームとはまた違った側面がある。

時代背景とブームの要因

第二次アウトドアブームの背景として、いくつかの要因が考えられるが、それらから第一次とはまた違う社会状況や人々の心情、インフラの変化が見て取れるだろう。

第一次ブーム時のキャンパーがUターン

1990〜1996年を第一次アウトドアブームとすると、当時、子供だった世代が20代半ば〜30代前半になるのが2013年以降である。子供の頃に家族とキャンプを楽しんだ経験を持つこの世代が、社会に出て自分のお金で趣味を楽しめるようになった時、再びアウトドアに戻ってきたのだ。

「インスタ映え」による広がり

Twitter、Facebook、InstagramといったSNS（ソーシャル・ネットワーク・サービス）の広がりは、世界中で人々の行動に広範な変化をもたらした。自分の投稿に、不特定多数から「いいね」や「like」がもらえれば、誰でも嬉しいものであり、また「いいね」が付く投稿をしたくなる。キャンパーたちは自然の中での遊びや食事、美しい風景などを投稿し、それが広く拡散されることで、これまでキャンプに興味がなかった人々の目にも届くようになったのだ。

スローライフへの関心

1980年代にファストフードへの反発からスペインで起こったスローフード運動は、やがてライフスタイル全般で「ロハス（lifestyles of health and sustainability）」

をキーワードとして、大量生産・大量消費を見直そうという動きに。2000年代に入ると、日本でも「スローライフ」「ていねいな暮らし」の提案として広がっていった。そうしたロハス的な関心がアウトドア活動への入り口になったとも考えられる。実際に「ロハス」の文言を名称に入れているキャンプ場も少なくない。

サブカルチャーの題材として

上記のような「スローライフ」「ロハス」感覚の浸透に伴って、キャンプや登山などアウトドア活動を題材としたゲームや漫画、アニメが登場するようになった。ゲーム『どうぶつの森シリーズ ポケットキャンプ』、漫画『ゆるキャン△』『ヤマノススメ』をはじめとしたゲームや漫画の影響で、これまでアウトドアに興味のなかった人々も関心を持つようになったのだ。アニメや漫画が、一部の「意識の高い」人々のものであったロハス感覚を一般の若い世代に広げたとも言えるだろう。

「ソロキャンプ」というスタイル

寛容さが失われていると言われる近年の日本社会では、人間関係を煩わしく感じる人、他人とのコミュニケーションが苦手な人も少なくない。そんな中、誰にも気兼ねせず、一人でのんびりキャンプを楽しもうという「ソロキャンパー」は、年々増加傾向となっている。「家族や仲間と行くもの」という固定観念から解放され、キャンプ人口の裾野がより広がった。

社会的地位や階層からの解放

自然の中では職業や勤め先、ポストとも、また経済的な階層とも無関係に遊べる。格差社会が進む一方だからこそ、社会的立場と関係なく、誰もが同じ遊びに参加できるアウトドア活動に魅力や癒しを感じる人が増えているとも考えられる。

女子キャンパーの増加、主婦キャンパーへの注目

「女子会」の延長とも言える、女性同士で楽しむ女子キャンパーも近年、増加して

おり、SNSだけでなくウェブメディアやブログも含め、ネット上で「女子キャンプ」のワードが踊っている。同時に、主婦キャンパーのクッキングや便利道具の知恵などが注目され、「女子力」というキーワードとともに評判を得るという現象も。若いファミリーのキャンプの様子が多数の「いいね」を獲得したこともあった。

野外フェスの拡大

野外でのコンサートがますます大規模になり、回数も増加。ただ音楽を聴くというより、大自然の中で、食べて寝て踊る「遊び」として浸透してきた。参加者も自然と野外用の道具を持つようになり、道具があるからにはキャンプへ、という流れに。キャンプ人口増加の一因となった。

超軽量簡易型椅子の普及

後に紹介する差し込み型の超軽量椅子が大人気を博している。韓国のヘリノックスチェアはその代表格で、本体重量は1kg未満と極めて軽く、組み立て、折りたたみも簡単だ。リュックに入れて持ち運べ、どこでもすぐに使える。特に上記の野外フェスで大活躍する椅子として、アウトドア市場活性化の一翼を担った。

ネット通販の発達

クリックひとつで様々なキャンプ道具が簡単に手に入るようになったことも大きいだろう。選択肢も多く、比較検討も容易だ。ショップのサイトから商品情報を得ることもできる。気に入った道具を揃えて、自分だけの世界を作る楽しみ方も、より簡単にできるようになった。

防災ニーズ

東日本大震災や熊本地震、頻発する豪雨災害などを経て、自宅に住めなくなった場合を想定したキャンプ体験のニーズもある。万一の際の「防災グッズ」という観点からもキャンプ道具が注目されているのだ。

カーボンファイバーをフレームに採用したオンウェーの次世代チェア。ゆったりとした大判サイズで総重量2kgを切る軽さ。

東京五輪の影響

2013年、2020年オリンピックの開催地が東京に決まったことで、スポーツ界全体が活況を呈している。ボルダリングが正式種目になったことも、アウトドアブームになんらかの影響があったと思われる。

道具のニーズにも新しい傾向

ユーザーのニーズにも変化が見られる。アウトドアファニチャーを単に便利な道具としてではなく、形、素材、色など「スタイル」で選ぶ傾向が強くなったのだ。

形態の変化：ロースタイル

第3章で記したように、地面に近い安心感とコンパクトな収納性、軽さから支持されるようになったロースタイルは、この時期、定着してきた。日本の生活スタイルとして馴染みがあり、よりリラックスできるファニチャー は、前述の「スローライフ」を求めるマインドともマッチしている。

天然素材とファッション性へのニーズ

前述のスローライフへの関心を背景に、天然素材が好まれるようになる。バイヤー(BYER)社の無垢の木材とキャンバス地を組み合わせたアウトドアファニチャーは、その代表だろう。また、テントやラグなども天然素材の人気が高く、テントでは英国ノルディスク(nordisk)のコットン素材のシリーズ、ラグではメキシカンラグのコットン100%ネイティブアメリカン柄、ブランケットではペンドルトン(PENDLETON)のウール製品などが代表的だ。

一方で、モノトーンを基調とした都会的なファニチャーも支持を集めている。キャンプサイトをクールに演出できる上、日常の家具として室内に調和するのも利点だ。

ハイテク素材の活用

大人気のヘリノックスチェアは7000系アルミ素材を使っている。7000系アルミは超軽量で硬度がある反面、脆く、バキッと折れる場合があるため、従来のファニチャー製造では敬遠されてきた。が、ヘリノックスチェアは短いパイプを差し込み式にすることで、この弱点を克服。超軽量という利点を活かし、一脚1kg以下という前代未聞の超軽量コンパクトチェアができた。

他方、オンウェーはハイテク素材のカーボンファイバー（炭素繊維）を椅子のフレーム素材に使う大胆な試みに挑んだ。民生品としてはレーシングカーのボディや自転車のフレーム、釣り竿、ゴルフのシャフトまで用いられるカーボンファイバーは軽く、高強度であることが特徴。オンウェーが手掛けた「長時間リラックスできる大人用チェア」の完成品は、重量2kg未満という目標を掲げている。

アウトドアファニチャーの市場変化

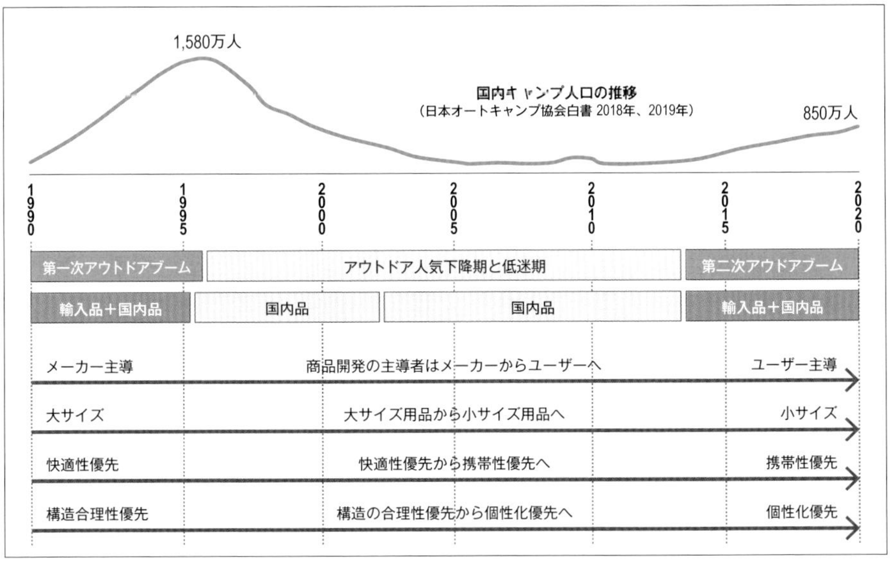

モバイルと社会、アウトドアレジャーについての考察5

column

SNS が社会変革を引き起こす

総務庁の統計では、2016年の時点でスマートフォンユーザーのうち、主なSNSサービスのいずれかを利用している人は、なんと71%を超えるという（下図）。

1995年頃から一般に使われ始めたインターネットは、当初、電子メールとホームページ閲覧が利用の中心だった。日本では96年に会員制掲示板「みゆきネット」、巨大匿名掲示板「2ちゃんねる」が登場し、ユーザー同士の交流が活発に行われるようになる。やがてより自由度の高い個人ブログ、また2004年には初期のSNS「mixi」が登場。「You Tube」「ニコニコ動画」など動画SNSサービスも広がった。そして2008年には「twitter」「Facebook」が上陸。2010年代に入るとiPhoneの発売が拍車をかけ、SNSが驚くべきスピードで日常生活に浸透したのだ。

人々は自分のキャンプ画像や動画をSNSで発信し、見知らぬ人からの共感＝「いいね」を得る。共感した側はそこに映った道具やスタイルに刺激を受け、真似したり、自分流のスタイルで対抗して盛り上がる。他人の装備を参考に購入するだけでなく、好みで自作したり、使いやすく改造するアイデアの発信も盛んになり、結果として道具の進化に繋がるのだ。SNSがもたらす交流が、これからのアウトドアスタイルをリードする大きなファクターになることは間違いないだろう。

SNSの利用率

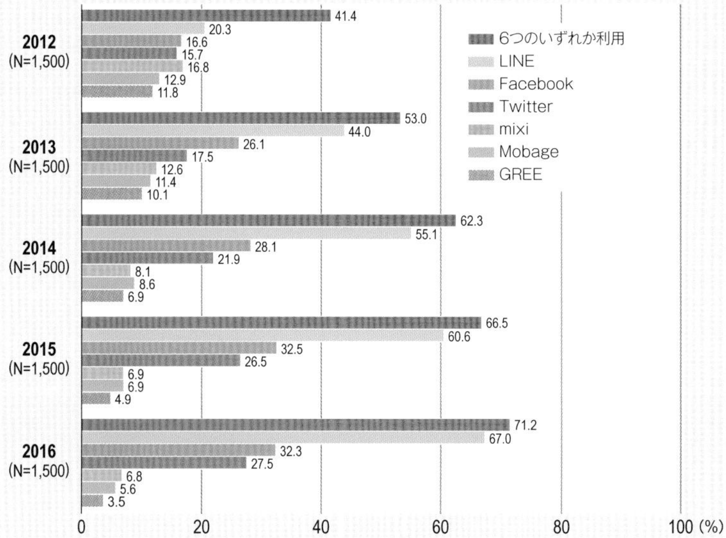

代表的SNSの利用率の推移（全体）　各年1,500人を対象に調査（N=1,500）
総務省HPより　（出典）総務省情報通信政策研究所「情報通信メディアの利用時間と情報行動に関する調査」

業界の動向1

変化するレジャースタイル
市場の新しい潮流

アウトドア用品の市場にも、第一次ブーム期とは違った変化がある。レジャーのスタイル、用品の流通やキャンプ場の施設にも新たな潮流が生まれているのだ。

新しい遊び方の登場

アウトドアの遊び方そのものにも、愛車に道具を積み込んでオートキャンプ場へ…という従来のキャンピングに留まらない、新たなレジャースタイルが、新しいネーミングと共に登場した。下記に代表されるようなアウトドア活動の多様化はまた、マーケットを広げる効果ももたらしていると言えよう。

グランピング

グランピングとは、グラマラス（glamorous）とキャンピング（camping）を合わせた造語。テントの設営や食事の準備の煩わしさから解放され、快適なサービスを受けながら自然の中で過ごす時間を満喫する新しいキャンプスタイルのこと。いわばリゾートホテルの延長である。国内では2015年に大手リゾートホテルが施設を開業したことをきっかけとしてブームに。ただし2年ほどで沈静化し、キャンプ場ではグランピング施設の導入に慎重となる傾向が強まっている。用意された場所に収まる感覚を否めず、自ら遊びを作る楽しみ、ダイレクトに自然と接する楽しみが乏しいのも事実で、本来のアウトドアの目的と矛盾することも一因だろう。

フランピング

フランク（frank）とキャンピング（camping）を合わせた和製造語。キッチンやトイレなど設備の充実したトレーラーハウスに手ぶらで乗り込み、アウトドア気分を味わうスタイルで、海、山、温泉地などに設けられている。非日常の空間での滞在を楽しむ、こうしたタイプの施設も近年増えてきた。ほとんどはリゾートホテルの敷地内にあり、グランピングと同様、リゾートホテルの延長である。

アーバンアウトドア

アーバン（urban：都会の）とアウトドアを合わせた和製造語。字義通り、大都会の真ん中で生活しながら自然を楽しむスタイル。具体的には、デッキやベランダにタープを張り、アウトドアチェアとテーブルを置いてゆっくりと周囲の景色を楽しむ都市生活の提唱である。年間を通じて野外キャンプの回数が限られる中、アウトドア用品を都会の日常生活でも活用しようという提案は、ニーズの喚起にもつながり、飽和状態とも言える国内アウトドア業界に新たな市場をもたらす試みである。

ベランダキャンプ

通称「ベラキャン」とも呼ばれる和製造語。アーバンアウトドアと同様、キャンプ場ではなくベランダにハンモックを設置し、アウトドアチェアやテーブルでキャンプサイトのような環境を作って楽しむ遊び方である。炭火を使い肉などを焼き、湯を沸かしてコーヒーを淹れ、のんびりと過ごすこともベラキャンの一種とされる。

庭ンピング

「庭でキャンプ」の意の造語。自宅や周辺でキャンプ気分を楽しむ遊び方。庭先や屋上にテントを張って手持ちの道具を出し、BBQやパーティーを催す。昼は庭の植物に囲まれ、夜はランタンを灯しムーディーに演出する自己流キャンプ。

大型アウトドア専門店の開業ラッシュ

第一次ブームの終焉と共にアウトドア用品は、ホームセンターや四大スポーツ量販店からも消え、通年でキャンプ用品を販売する店舗は激減してしまった。生き残ったのは北日本で23店舗を展開するワイルドワン（WILD-1：株式会社カンセキ経営）、新潟で３店舗を展開するウエスト（WEST：パール金属株式会社経営）、そしてエルブレス（株式会社ヴィクトリア経営）など、いずれもアウトドア専門店だけだった。もちろん地域密着型の専門店もあったが、規模はやや小さい。

それが近年になって様相が変わってきた。2018年４月にスポーツ量販店の株式会社アルペンが、日本最大級の品揃えといわれる大型アウトドア専門店、名古屋春日井店をオープンしたことが大変な話題となり、全国のキャンパーが殺到。これを皮切りに、2019年４月には千葉県柏に売り場面積2,300坪、３階建ての超巨大店をオープン、同社は今後さらに全国でアウトドア用品専門店を展開する計画だという。同業他社も追随する動きを見せており、こうした大型店の参入が、アウトドア業界の活況ムードを一気に押し上げているようだ。と同時に、今後は激戦が予想される。

個人店の開業ラッシュと中古店の出現

大型専門店に先駆けて、個人経営のアウトドア専門店もまた各地で相次ぎ開業している。個性を前面に押し出したセレクトショップが増え、全国で広がり続けてきた。それぞれに個性的な品揃えを展開し、地域の活性化にもつながっている。

一方で、アウトドア用品の進化とキャンパーの増加に伴い、保管の問題や買い替えのため、不要となった道具を手放したいユーザーも増えてきた。その受け皿として、また手頃な中古品へのニーズに応えて、リサイクル店が現れ、数を増やしていることも今回のブームの特徴である。また、一般のリサイクルショップでも「アウトドア」を一つのカテゴリーとして取り扱っている。背景として、〈メルカリ〉などのオンライン・フリーマーケットによって、中古品に対するユーザーの抵抗感が消えたことも無関係ではないだろう。

キャンプ場開設ラッシュと新モデルの登場

キャンプ人口の急激な増加に伴い、キャンプ場もまた開業ラッシュの局面を迎えた。テントサイトまで車で乗り入れることが可能なオートキャンプ場の施設数は、2018年４月で1282カ所となっている※1。この活況の中で、キャンプ場という施設にもまた新しい形態が目立つようになってきた。

従来型のキャンプ場モデル

従来の経営業態を継続するキャンプ場も堅調である。

新しいキャンプ場モデルの創出

従来の経営内容にプラスして、遊園地化するキャンプ場も登場。敷地内に遊具を設置する他、スタッフが主導するアドベンチャー体験など子供をターゲットにしたアクティビティを用意し、ファミリー層のリピーター確保を狙っている。

地方自治体とのタイアップ型モデル

地域活性を模索する地方自治体の誘致などに応え、地域の特色を活かしたキャンプ場も出現した。中でも、国内一流のアウトドアメーカー〈スノーピーク〉は本腰を入れており、2017年に地方創生のコンサルティングを行う子会社を設立。地元新潟県三条市の他、高知県の越智と土佐清水、大分県の奥日田、北海道帯広市に、自治体との連携の元、野遊びを満喫できるキャンプ施設を開設している。さらに2020年には長野県白馬村に新施設を開業するという。同施設ではスノーピークの用品をレンタルして気軽にキャンプ体験を楽しむこともできるとのこと。タイアップ型モデルのトップランナーと言えるだろう。

異業種からの参入

リゾート関連企業がグランピング施設の経営に乗り出す話題は多いが、全くの異業種から参入する企業も現れている。2018年には、洋菓子メーカー〈グランパー東京ラスク〉が伊豆の月ヶ瀬にグランピング施設を開業※2。また有名予備校、〈河合塾マナビス〉は千葉県に本格的オートキャンプ場を開設する予定だ※3という。さらに、大阪に本社を持つアパレル企業アーバンリサーチが「タイニーガーデン」というキャンプ場を蓼科に8月にオープン。東京のアパレルセレクトショップ企業ユナイテッドアローズは、コールマン、キャプテンスタッグとコラボしてキャンプグッズを販売し、キャプ場進出も視野に入れていると言われている。

※1　出典：日本オートキャンプ協会2018白書
※2、3　出典：『月刊オートキャンプ』第276号（一般社団法人 日本オートキャンプ協会発行）

業界の動向 2

ユーザーの好みが牽引する

多様化の時代へ

商品開発は、従来のメーカー主導からユーザー主導へ。
また、ガレージブランドの台頭で、多様なスタイル、テイストの
アウトドアファニチャーが登場してきた。業界の「多様化」こそが、
第二次アウトドアブームの大きな特徴だと言えよう。

ユーザーの「好き」から開発する

アウトドア業界に限らず消費者の傾向一般について、20世紀末から「多様化」「細分化」「個別化」が言われてきた。アウトドア用品に関しては、この第二次ブームでその傾向がはっきりと現れてきたと言えるだろう。道具が多様化することで、需要もまた喚起されるという好循環が起こったとも言える。同時に、商品開発の主体となる存在が、メジャーなメーカーから個人へと移ったことも大きな特徴だろう。次ページのチャートのような変化が、アウトドア業界に起きているのだ。

こうして個人化されたアウトドア用品の特徴としては、以下のようなポイントが挙げられる。総じて、ユーザー各人の「センス」と「こだわり」を反映するものになっていることが読み取れる。

小ロット生産
受注生産
日本製が主流
単価は高い
流行の椅子などを座面の素材や柄を変えることでリニューアルする
都市部や自宅内で利用することが可能
座面生地に柄をプリントすることでファッション性を高める

ガレージブランドの台頭

前述の商品開発の「個人化」を端的に表すのが、アウトドア用品のガレージブラ

アウトドア用品開発の主体の変化

過去

メーカーによる開発が主導

他業種からの参入組も含め、メーカーが製品を開発し、毎年、またはシーズンごとに新製品を発表していた。「有名メーカーの新製品を持っていれば間違いない」と考えられていた。

商品開発の主体		製品
日用雑貨系企業 アウトドアギアメーカー 調理器具メーカー クッキングウエアメーカー **業務用道具系企業** 家具メーカー 素材(金属パイプ、繊維など)メーカー	→	アウトドアギア テント ファニチャー クッキングウエア アウトドアアパレル キャンプ場

現在

ユーザー目線からの開発が主導

ユーザーの好みやこだわりを反映した商品開発が主流となってきた。メーカー品は「個性がない」とされ、ニーズが後退するようになる。

商品開発の主体		製品
ユーザーやスキルを持つ個人 （次項の「ガレージブランド」）	→	アウトドアギア類 バッグ類 アクセサリー アウトドアアパレル

商品開発の形態

個人の趣味から発展して開発
「家の延長」として考案
個性の表現として（外観重視）

ガレージブランド開業の流れ

自 作 → SNS に投稿 → ネット販売 → 実店舗開業

Step 1　趣味が高じて自作した道具をSNSに投稿。「いいね」マークなど多くの支持が集まる。
Step 2　ネットショップを立ち上げ、ネット上で賛同を寄せたユーザーに自作の製品を販売する。
Step 3　オンラインのみでは制作・販売者の正体が見えない、現物を触りたいといったニーズに応え、実店舗を開設する。

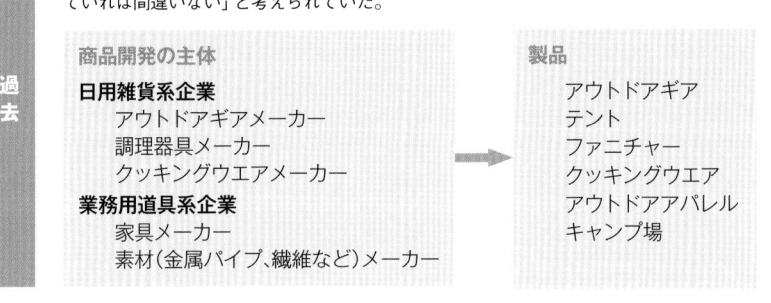

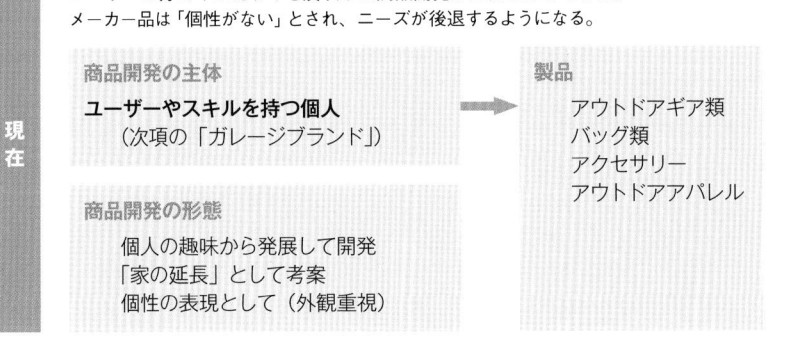

ンドの台頭だ。目を見張る勢いで、多様な人々が「個人」の発想から道具を自作し、独自ブランドとして販売する、このムーブメントは現在も続いている。

ガレージブランド開業へのルート

多くのガレージブランドは、個人の副業として、また趣味の延長をきっかけとして生まれる。開業までの道筋には前ページ下のチャートで示したような共通する点があり、その普遍的なプロセスにおいて、重要な位置を占めるのがインターネットであり、とりわけSNSである。

ウェブショップの立ち上げに関しては、以前はブログとメールによるやりとりの他、〈ヤフオク!〉などの個人売買サービスが主流だった。が、スマートフォンの普及に伴い、フリーマーケットアプリ〈メルカリ〉の浸透、また低価格で利用できるネットショップ作成・運営サービスが登場し、より気軽に開業できるようになった。ウェブインフラの変化もガレージブランドの隆盛に一役買っていると言えるだろう。

多彩な背景を持つ作り手たち

ガレージブランドの作り手たちの多くは、キャンプ好き、アウトドア好きが高じて「自分が欲しいもの」を作ることからスタートしているが、その背景は多様だ。総じて、専門の技術者やデザイナーの参入が目立つことが特徴だろう。例として、以下のような人々が、本職で培ってきた技能を商品として具現化し、ユーザーが納得するようなクオリティの高いものを提供している。

グラフィックデザイナー：デザイン性の高い外観の製品
板金工・溶接工：焚き火関連用品など
木工業：木製の棚、テーブルなど
皮革加工業：椅子の革製シート、ランタンなど「火」の道具の革製カバー
内装業：緻密な工作の木製道具
雑貨企画・販売：小物、ポーチ、ケース、帽子など

ガレージブランド商品の特徴的なタイプ

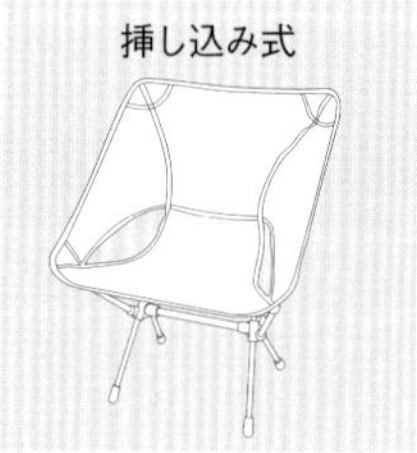

ヘリノックスチェアなど、ヒンジ不要の製品。

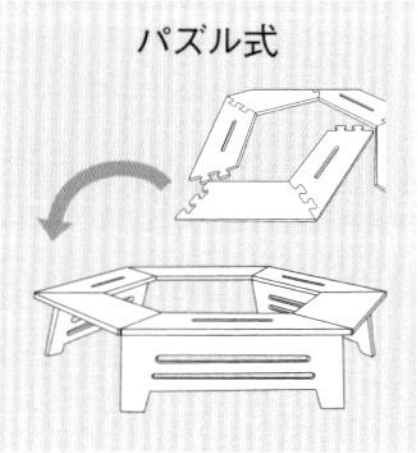

パーツを自分で組み立てる。下が完成図。

既製品を好みに合わせてアレンジ。

フレームをガレージブランドから購入、天板はホームセンターで好みのものを入手。

既成概念に縛られないガレージブランド製品

ガレージブランド製品の特徴となるのが「アウトドア用品の既成概念に当てはまらない」という点だ。下記のような、従来のアウトドア用品では基本条件とされた要素が、ガレージブランドでは必須ではないのだ。

アウトドア用品における従来の基本条件

軽量性：野外へ携帯するための必須条件である

収納性・機能性：収納時は小さく、展開時は大きく使える機能的な構造

優れた耐荷重性：軽量でも十分な耐荷重性がなければ使用に耐えない

使用環境の多様性：様々な野外環境で使用できること

リーズナブルな価格設定：多くの人が買える価格であるべき

メーカー主導の時代には常識と考えられていたこれらの条件を、多かれ少なかれ「度外視」したのがガレージブランド製品である。主な特徴として以下の点が挙げられるだろう。

材質面

軽量化を最優先とはしない。従来は軽量なアルミ製、プラスティック製が主流だったが、加工および入手しやすい木製、鉄製が主流となっている。

構造面

従来は携帯性が重視されてきたが、使用時重視に変化。組み立て方や売り方もこれまでとは異なる、以下のような製品が登場するようになった。

挿し込み式：代表格は、韓国ブランドの〈ヘリノックスチェア〉。7000系アルミパイプを樹脂パーツに差し込む方式を採用し、ヒンジを必要としない構造だ。

パズル式：折りたたみ式ではなく、組み立て式。ヒンジを必要とせず、収納時にはバラバラになるものが多い。ゲーム感覚で組み立てられ、遊び心をくすぐるスタイルだ。製品自体が重い。

自己流アレンジ：身のまわりの既製品を自己流にアレンジして楽しむスタイル。

DIY方式：例えば、テーブルならフレームはガレージブランドから購入。天板はホームセンターから好きな長さのものを購入し、ユーザーが自分で工作するスタイル。

ガレージブランドの課題と取り組み

現在活発に見えるガレージブランドにも、以下のような課題があると思われる。

商品の単調さ：作り手の得意分野だけでは、商品の幅が限定的なものとなり、ブランドとしての広がりは限定的となる。

客層の拡大が困難課題：得意分野の製品に賛同する固定ファンやSNSのフォロワーのみでは客層が広がりにくい。顧客の開拓が課題。

在庫問題：売れ残った場合の不安、また逆に欠品の不安。在庫の保管スペースの確保も悩みの種となる。

対策としての協力体制

こうした課題を解消するためには、複数のガレージブランド同士が、互いの商品を持ち合いで販売することも現実となっている。店頭のラインナップを充実させることができ、欠品が目立たなくなる。

また、ガレージブランドが増えたとはいえ、業界全体から見ればマーケット規模自体は小さく、それだけに競争が熾烈でもある。個人のサイドビジネスとして、別に本業を持っていれば困窮には至らないかもしれないが、個人でのビジネスには、企業の事業展開とはまた違うリスクがあることも確かだ。これからが正念場だ。

業界の動向 3

ユーザーの心をくすぐる

海外ブランドの人気再燃

第二次アウトドアブームの動向として、海外ブランドの人気ぶりも見逃せない。この人気を支えるのが、国産製品が未熟だった第一次ブーム初期とはまた違ったユーザーの心情であり、さらに新しい商品群が流入してきたことにも注目しておきたい。

快適さよりも「カッコイイ」が選ばれる

海外アウトドアファニチャーの中でも、近年人気が高く、最もよく使われているのは次ページの４種類の椅子だ。いずれも前項で示したような既成概念＝従来の基本条件には適わない製品で、リラックスを目的として選ばれるタイプではないため、座り心地が良くないものが多い。反面、それぞれに背景があるのが特徴と言える。

第一次ブームから20余年の歳月を経て、日本製、または日本ブランドの椅子は技術的にもかなりの進歩を果たし、成熟期を迎えている。にもかかわらず、決して座り心地が良いとはいえない第一次ブーム期の海外ブランドチェアが、今、若者の間で「カッコイイ」ものとして人気を博しているのだ。このカッコイイという感覚には、日本人に埋め込まれた欧米ブランドへの憧れがあるのではないかとも思う。また同時に、これらの椅子が持つ背景や物語を含めて愛好しているのかもしれない。

いずれにしても、カッコイイだけでは長時間座ることはできない。例えば、カーミットチェアの座面と背もたれの角度は、腰痛持ちにはいささか辛い。しかし、はめ込むことで後ろ脚が少し上がり、座面の角度が変わるというアタッチメントを自作するユーザーまで現れているのだ。また、ローバーチェアの場合、高い座面をロースタイルに、また背もたれの角度広げたりとカスタマイズするユーザーもいる。たとえ座り心地が悪くても、自分の好みを優先する。自ら改造してまで「カッコイイ」を選ぶのが、これら海外ブランドを求めるユーザーの傾向と言える。

ちなみに、こうしたユーザーは「キャンパー」という言葉に抵抗があり、既存メーカーの商品は「ダサい」と考えているようだ。また、ブランドチェアは別として金属製のものを敬遠するきらいがある。そうして選ぶ道具ではあるが、長く持っていようとは考えず、いずれ手放す傾向があることも付け加えておきたい。

海外ブランドの人気チェア

カーミットチェア
Kermit Chair

アメリカ

もともとIBMのエンジニアだったアメリカのバイク愛好家が、「バイクのサドルバッグの中に丸めて収納できること」を主眼に作った椅子。挿し込みタイプの座椅子で、小さく収納できるが、座面と背もたれの角度が限定的で長時間座るには向いていない。

ローバーチェア
ROVER Chair

イギリス

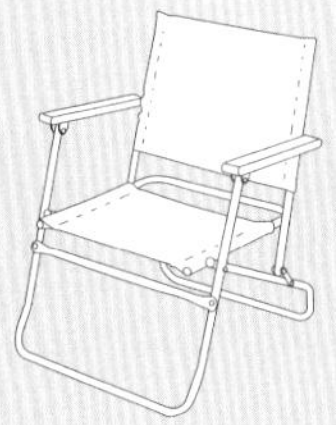

英国軍が軍用トラック、LAND ROVERの後部座席を外した車内に、座席替わりに置いたのが、この折りたたみ椅子だと言われている。軍用由来なだけに頑丈に作られており、収納性を優先して開発されているため、使用時は座面と背もたれがほぼ直角となってしまう。

ガダバウトチェア
Gadabout Chair

イギリス

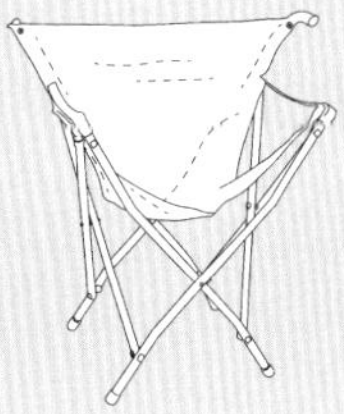

英国マクラーレン社製。散歩用に開発された折りたたみの軽量椅子で折りたたむとステッキ代わりになる。アルミフレームと軽量素材の座面シートにより椅子全体は軽いが、3本のフレームで支えるため、脚を組まないと座れない。

バイヤーチェア
BYER Chair

アメリカ

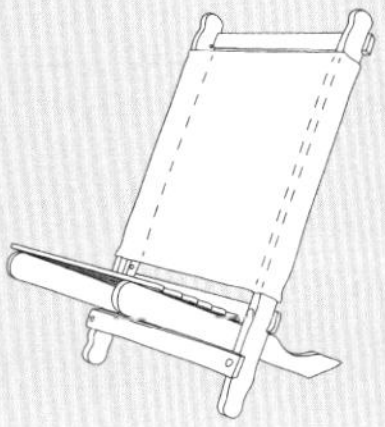

100年以上の歴史を持つ老舗ブランド。無垢のメープル、ブナ、タモ材とキャンバスを組み合わせた折りたたみ家具を生産している。

家具以外の海外ブランド製品

グリル

アメリカ
weber
ウェーバー

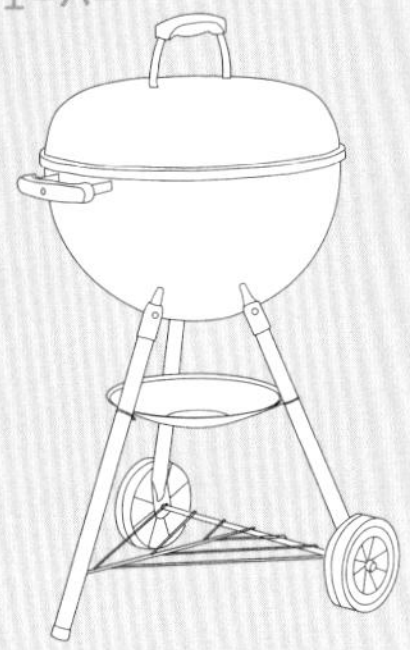

アメリカのバーベキューグリル市場において60%のシェアを持つブランド〈weber〉のグリル。ほぼ球体型をした形状によって、内部で熱や香りが効率よくまわり、焼き加減に差が出るという。

クーラーボックス

アメリカ
YETI
イエティ

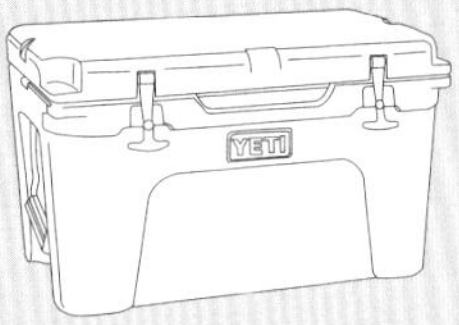

抜群の耐久性と想像以上のパフォーマンスにより、プロのハンターやフィッシャーから厚い信頼を受けているという〈YETI〉のプレミアムクーラーボックス。継ぎ目のないローテーショナルモールドにより、継ぎ目から割れたりヒビが入ることもなく、激流にも耐えると言われる。圧力注入された厚さ5cmもの断熱材と密閉性に優れた仕様によって保冷力を高めている。

ランタン

ドイツ
PETROMAX
ペトロマックス

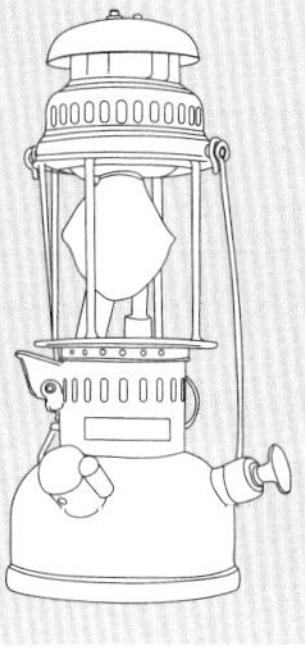

およそ100年前にドイツで生まれたランタンのマスターピース。商品名は、灯油の「Petro」と、ベルリンのEhrich & Graetz社社長兼メインデザイナー、Max Graetz氏に由来する。現在では灯油ランタンの代名詞となっている。やわらかな炎の灯りと無骨なボディ、実用性とコストパフォーマンスの高さで、今なお人気。

新分野での海外ブランド参入

第一次アウトドアブーム期に市場を席巻したのは、海外ブランドのファニチャーだった。しかし、第二次ブーム期では、家具以外の製品で海外ブランドの進出が目立っている。主なカテゴリーは、鍋やクーラーボックス、ランタンといったギア類だ。その代表的な道具とブランドは左ページに紹介の通り。

活性化した国内ファニチャー開発

この第二次ブーム期には市場ニーズの変化と共に、道具そのものも進化してきた。前述のようなガレージブランドの台頭や海外ブランドの人気再燃などもあり、既存大手メーカーへのプレッシャーもこれまで以上に増すことになる。ユーザーのマインドも使用環境・売り場環境も変わる中、製品そのものも変化しないと売れない時代になったのだ。そこに対応すべく、各社とも懸命に新製品の開発を急ぎ、また既存製品のアップグレードを加速してきた。

同時に、アパレルや通信など異業種とのコラボレーションによって市場を拡大しようとする動きも、企業努力の一つとして顕著である。例えばアパレル企業と組むことで、キャンプに行かない層にも、アウトドア用品を「ファッショナブルな雑貨」として使ってもらおうという試みだ。

また、先に挙げたスノーピークの例（p.153）のように、地方自治体とのタイアップによりキャンプ場を開発し、ニーズを確保しようという動きもある。さらに、飽和状態の国内マーケットに留まらず海外へ進出し、新たな市場を開拓する努力も行われており、主に台湾、韓国が有力マーケットと目されている。

注目される国内製品

こうした状況の中、国内有力メーカーによる次ページのような傾向の製品が注目を集めてきた。その特徴的なものを挙げておこう。天然素材志向、ロースタイルの広がりなど、時代のニーズに呼応した開発努力がなされていることが見て取れる。

注目の国内ブランド製品

スノーピーク

FD チェアワイド

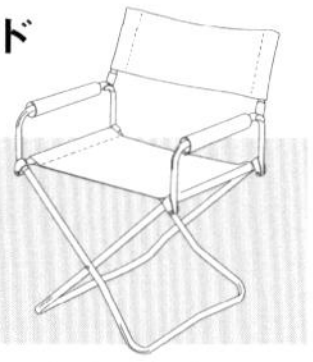

ロングセラー商品であるFDチェアのワイド仕様バージョン、またロースタイルバージョンを展開。

ワンアクション テーブル竹

竹素材を天板に採用したテーブルの発売。

TAKIBI My テーブル

ステンレス天板のテーブル発売。

アイアングリル テーブル

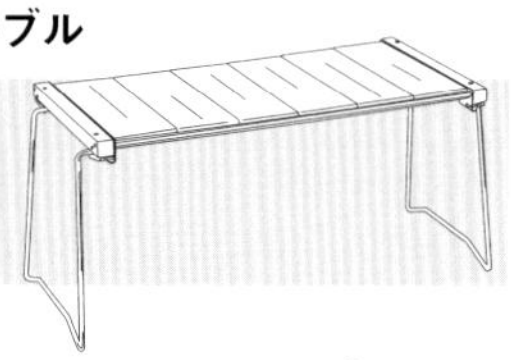

IGTフレームの3ユニット分にシステムデザイン。

ローチェアショート

天然チーク材を椅子の肘掛けやテーブル天板に採用。

ドッグコット

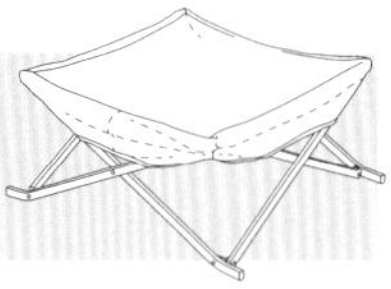

ペット用折りたたみファニチャーの発売。

ローチェア

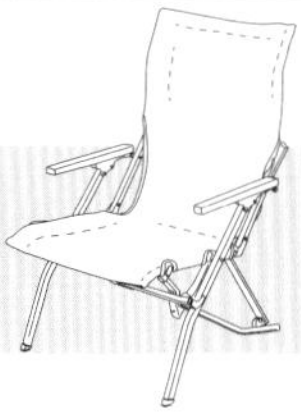

座面が低く、ゆったり座れるロースタイルチェア。

コールマン

コンパクトフォールディング チェア

〈カーミットチェア〉をモデルとしたコンパクトな折りたたみ椅子を発売。

インフィニティ チェア

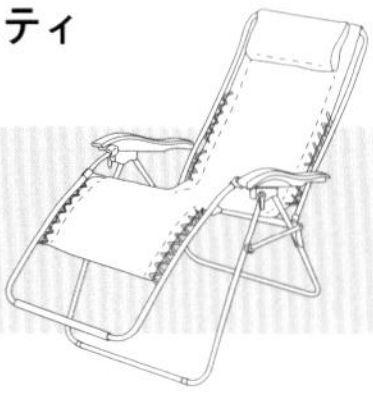

〈ラフマ〉のチェアをモデルとした大型リクライニングチェアを発売。

ナチュラルモザイク™ リビングテーブル

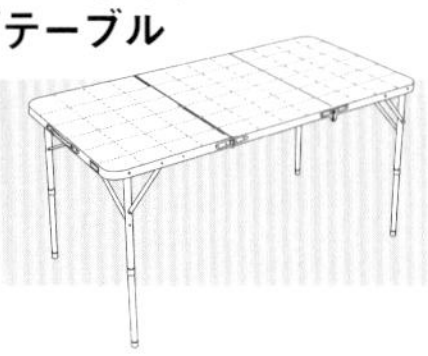

メラミン加工合板を天板に使用したナチュラルモザイクシリーズを展開。

ツーウェイ キャプテンチェア

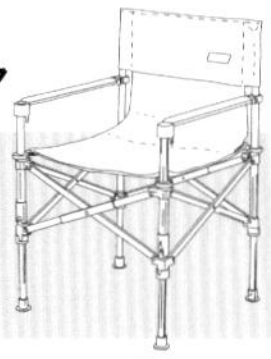

ロングセラー商品のキャプテンチェアに二段階高さ調節機能を加え、ローチェア対応にリニューアル。

コンフォートマスター バタフライテーブル

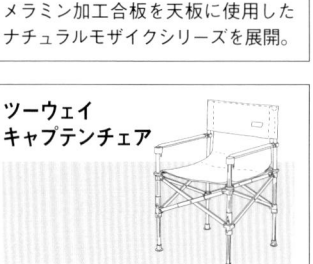

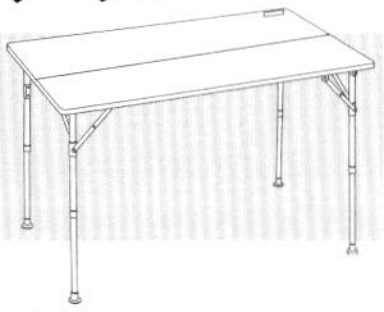

ハニカム樹脂素材による超軽量テーブルを発売。

ものづくりポリシーの深化

成熟期に至った オンウェーの取り組み

第二次ブームを迎えて業界が大きく変化する中、
オンウェーは設立以来のポリシーを守りながら
新製品の開発、既製品の改良を重ねた。
いわば成熟期といえる段階に入ったと言えるだろう。

時代を超えて貫く３つのポリシー

第一次ブーム時も低迷期も、オンウェーがアウトドアファニチャーを開発するにあたって基本とする方針は、以下の３点であり、第二次ブーム期にもそれは揺るぎないものとして貫いてきた。いわば、ものづくりの思想の核心である。

折りたたみ機能を最大化すること：いかにコンパクトに、かつ簡単にたためて、大きく展開できるかを追求すること。

外観的に美しいこと：どんな製品にも、合理的な美しさ、機能美を常に追求すること。

快適に使えること：長時間座っても疲れにくい椅子であること。決して快適性を犠牲にしないこと。

独自の開発コンセプト

変化する市場を認識しながらも、オンウェーはそれを追いかける流れには与しなかった。独自の製品開発を進めることで、むしろブランドのアイデンティティーは明快になると考えているのだ。具体的には、以下の３点を製品作りの指針として、より質を高める方向に進化させていった。

リ・デザインで高級感を：まず既存のモデルを放棄するのではなく、むしろそこからのリ・デザインを中心に展開。より高級感があり、エレガントなモデルに洗練していった。

流行を追わない：当然ながら、流行を追いかけることはしない。構造的にも外観的にも、一時のトレンドに流されず、ブレないものづくりを旨とした。

使用環境を意識：主として椅子のカラーでは黒とグレーを多用し、落ち着いた雰囲気に仕上げている。カラフルな柄や配色の他社製品も出回る中、あえてニュートラ

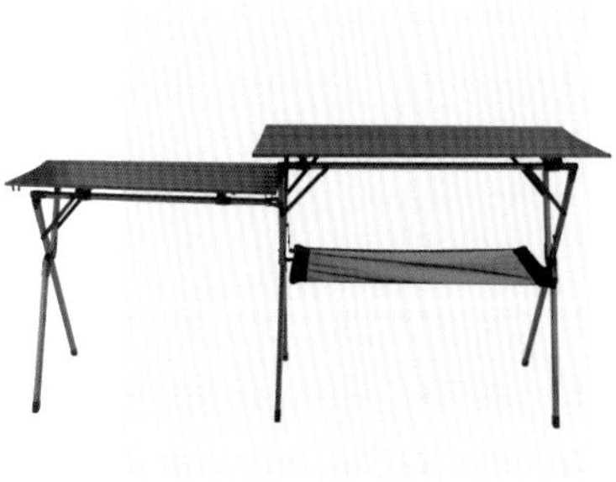

既存商品をリ・デザイン

インドア需要も視野に

折りたたみ機構を関連商品に活用

ルな色調にすることで、多様な環境、例えばインドアでも違和感なく使えるよう、ユーザーの自由度を意識した。

素材と製造過程のアップグレード

各製品のクオリティを高め、またそのイメージを確立するため、素材の選定、実際の製造、さらに販売戦略において、以下のような努力を行った。

より良質な素材を使う：椅子の肘掛けやテーブルの天板などに竹材を活用。天然素材が人気ではあるが、パインや合板ではなく、竹の持つ独特の質感にこだわった選択である。また、金属パーツにはステンレスを多用して高品位モデルを展開。

ハイテク素材使用：前述したハイテク素材のカーボンファイバーを椅子のフレームにする大胆な試み。軽さと強度の高さが特徴のこの素材を使い、長時間リラックスできる大人用の椅子では、完成品で重量２キロ未満という軽さを目標にしている。

製造の精度を上げる：アルミパイプの着色層をミクロン単位でコントロールする。またアルミ表面には、抑制の効いた光沢感にこだわり、他社のどこも行っていない半艶（ツヤ）加工を施している。これら高度な製造技術を追求すると同時に、限られた人材、材料を有効に活用することでコストダウンも計っている。

企画・販売の工夫：前述のように、インドア用としても遜色のない椅子などの開発により、使用環境の多様化に対応。また、折りたたみ機構を椅子やテーブルに限定せず、焚き火台など関連用品に活用して商品展開を広げる。販売においては、一点ずつのストーリー性をアピールすることでユーザーの理解と共感を得る努力をしてゆく。

column

流行色を追わない理由

まずファニチャーメーカーとして、オンウェーは、製品が主役ではないと考えている。椅子やテーブルは第一義的に道具であり、ユーザーが自分の使用環境を考えて選ぶものである。使用環境にマッチするかどうかが、購入の第一条件になると考えているのだ。

アウトドアファニチャーの世界では、サプライヤーの多くは、実用性を第一要素として考える。製品のカラーはあまり重視されず、往々にして、商品企画担当者の好みによって、または他社の真似をして色が決められ、一貫性に欠けるきらいがある。カラーリングに企業やブランドの思想性を反映された例は少ないのだ。

オンウェーは前述のように、まずユーザーの使用環境を重視する。椅子では、自己主張せず、様々な環境にマッチするブラック、グレーを主としたモノトーン。テーブルの色も、その上に載せるモノや料理を引き立てる「背景」としてホワイトやグレー系、または竹などの天然色など、特別な企画以外を除き、ニュートラルな配色を基本としている。製品色の選定は、作る側の美意識や世界観を反映するものであり、製品の「品格」さえ表すものと考えているのだ。

そもそも「流行色」とは、歴史や工芸、科学技術、自然や社会環境、市場・業界の動向など様々な要因を元に、一部の人々が恣意的に作っているものである。世界17カ国（2019年現在）の色彩団体が加盟するインターカラー（国際流行色委員会）のパリ本部で、毎年、2年先のシーズンの「トレンドカラー」が決められ、それが大手繊維メーカー、大手生地メーカー、市場宣伝を通じて打ち出されると言われる。

一方で、それぞれの国や地域にはそれぞれの歴史と風土が築いた「色彩文化」がある。例えば日本の場合、伝統工芸をはじめとした「わび、さび」を愛好する「色彩文化」があり、現代でも中間色を好む傾向がある。フランスの場合はギリシャ的な白からキリスト教の赤、そして北アフリカや中近東的な複雑で奥深い色調など、多彩で個性的な色使いが好まれるといったように。

しかし、そうした「色彩文化」は今日の世界的な商業主義にかなうものではなく、アメリカはPantone、日本はDIC、ドイツはRALなど、インターカラー加盟の各国がそれぞれ色見本を作り、世界の色彩主導権を争っている現実もある。

この状況下で、一企業が自分の色を出しても大海の一滴に過ぎず、流行を作るものにはならないのだ。そうした現実も踏まえて、オンウェーは自分の色を出すより、ユーザーの「ほしい」を選ぶことにしている。

スリムチェアOW-72後継版

Comfort Chair OW-72BD-BM

コンフォートチェア2

ヨーロッパ各地で愛される
帆布とアルミの心地よいハーモニー

きっかけは2005年、ドイツでの展示会に現れた巨漢のオランダ人男性二人組だった。展示中のスリムチェアOW-72に座ってみた彼らから、「これの大型版はないか」と尋ねられたのだ。なるほど、彼らのように欧米の大柄な人々には、OW-72では小さすぎ、くつろげないだろう。帰国後、早速、欧米市場向けの大型版開発に着手した。

まずは座面の幅、奥行き、背もたれの高さなど、全体をスリムチェアOW-72よりやや大きく取り、ゆったりと座れるようリサイズ。心地よい手触りと座り心地にこだわり、シートは全面、厚手のコットンキャンバスを採用した。そして肘掛けは、竹の集成材を使い、アルミ製のものと同じカーブに作り上げたのだ。集成材ならではのストライプ状の断面は、デザインのアクセントにもなる。

キャンバスと竹のナチュラルな質感、アルミフレームの機能性と清潔感。異素材のハーモニーにこだわることで、ゆったりとくつろげて、見た目にも心地よいリラックスチェアが完成した。

後にイタリアとドイツの国際展示会に出展したところ大変な好評を得て、ドイツとスイスに販売代理店を置くまでに人気となった。日本では、スリムチェアの豪華版であり、ファーストクラスチェアに継ぐ「お父さんの指定席」という位置付けで、今も親しまれている。

スリムチェアOW-72と同様、肘掛け付け根の連結バーによって、左右と前後、二方向の開閉が連動して同時に行える。ゆったりと座れて、収納時は非常にコンパクトだ。

コットンキャンバスと竹の手触りが、よりリラックスを誘う。

スリムチェアOW-72後継版

Slim Chair OW-72BRWN

スリムチェア

ハイバックの包容力で代表作をアップデート

オンウェーの代表作の一つとして、国内外で広く好評を得てきたスリムチェアOW-72。その収納性、携帯性をそのままに、より座り心地を重視したハイバックタイプにバージョンアップした。背もたれが肩まで支えるためリラックスした姿勢で身体を預けることができ、長時間座っていても疲れにくい仕様となっている。

また、背もたれが高くなることで外観的にもよりバランスの良い椅子になった。さらに、アルミフレームの表面加工には、色付きのアルマイト処理を施すことで、シートとのカラーコーディネートが可能に。より多彩な表情を表現できるようになった点も新しい。

軽量でコンパクトにたためる機能性に、長く座れる快適性が加わったこと、自己主張をせず、周囲の環境に溶け込みやすい堅実な佇まいで、キャンパーやアウトドアスポーツ、外遊びを楽しむ人々に広く支持される定番となっている。

ハイバックになっても初代と同様の優れた収納性。独自の連結バーにより、中央収束で棒状にたためる。

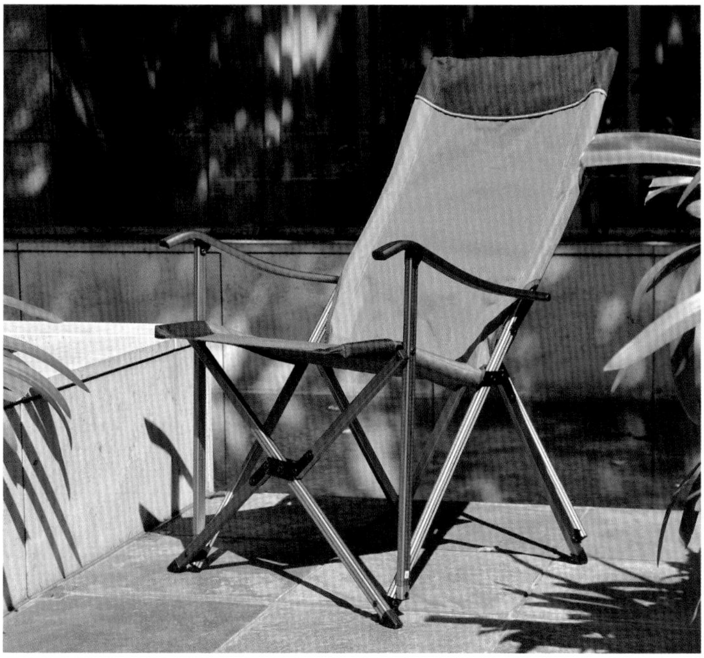

フレームカラーをシートと合わせることで、屋内外を問わず、より幅広くマッチする椅子になった。

スリムチェアOW-72後継版

Slim Chair Mesh OW-72MH

スリムチェアメッシュ

メッシュのシートなら、野外では自然の、室内ではエアコンの涼風が心地よく背中に届く。座面はメッシュ生地を二重にして耐荷重性を確保している。

夏場にも水辺にも強い メッシュ仕立てのシート

「夏場は、背中が暑い」「熱がこもって蒸れやすい」。従来のスリムチェアOW-72のシートに関して、ユーザーからのこうした声に応えて生まれたのが、このメッシュモデルだ。ポリエステル繊維を織り上げた特注のメッシュ生地をシートに採用。背もたれ上部と座面の角部分は、引き裂きダメージに強いナイロンリップトップ生地を使用している。

通気性の良いメッシュシートは、涼しいのはもちろんだが、カビや汚れにも強く、さらに清掃しやすいのも利点。夏場はもちろん、一年を通してビーチや川辺でも活躍する一脚として、今も支持されている。

Slim Chair King OW-5353
スリムチェアキング

上：旅先のホテルで見かけたこの椅子がヒントになった。王座風の凝った装飾が美しい。
右：前側縦パイプに付けたウッドボールがデザインポイント。中央収束で小さくたためる。

エラーから生まれた折りたたみ王座

ある時、アメリカ向けの大型サイズの椅子用にと発注した大量の丸パイプが余ってしまったことがあった。裁断ミスにより長さが足りず、工場に積み上がっていたのだ。パイプメーカーにスクラップとして戻すのももったいない…ということで、何かできないかと考えた。

元々アメリカ向けに製作予定だった椅子は中央収束型だったため、やはり構造は、中央収束型にするしかなかった。その場合、常に課題となるのは肘掛けだった。丸パイプでは、スリムチェアのようにアルミの肘掛けが連動する構造は望めない。

思案する中、ふと思い出したのが、出張などで常宿にしているホテルの廊下に置かれていたクラシックな一人掛けの椅子だった。装飾的な意匠のフレームに布張りの背もたれと座面、布ベルトの肘掛けが付いている。その肘掛けを転用すると共に、王様の椅子を思わせるクラシックなイメージも加味。完成したユニークな中央収束タイプの折りたたみチェアに、遊び心で「キング」と名付けた。

2013

ディレクターチェア OW-N65T 後継版

Director Chair OW-N65T

サイドテーブル付きディレクターチェア

都市の風景にも馴染む
ブラックバージョン登場

世界中で愛されてきたディレクターチェアOW-N65のバリエーションとして、サイドテーブル付きチェアも国内外で支持されてきた。ゆったりとした座面に、継ぎ目のない美しいサイドフレーム、長時間座っても疲れを感じにくい人間工学に基づいた設計は、オリジナルそのまま。余分なスペースを削った独自のフォルムを持つサイドテーブルは抜群の使い勝手だ。

この年発売した後継版モデルは、オールブラック。野外はもちろん室内やテラス、さらにカフェや公共スペースなど都市の一隅にも、環境を選ばずマッチするカラーだ。「一脚でどこでも自分の世界に浸れる」このチェアの特長がより際立つバージョンとなった。

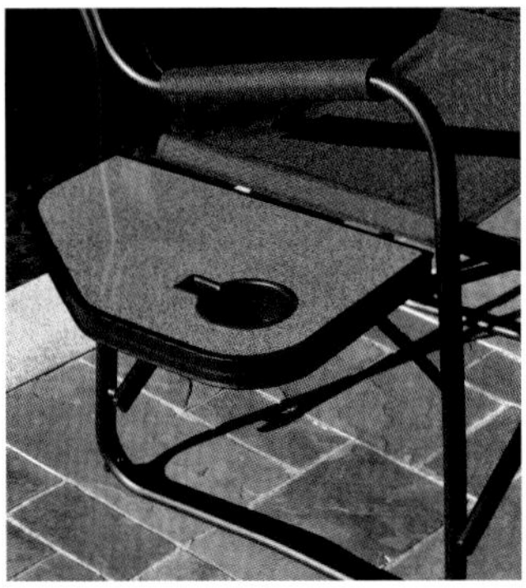

ドリンクホルダーも便利なサイドテーブルの形は、緻密な計算から割り出されたもの。

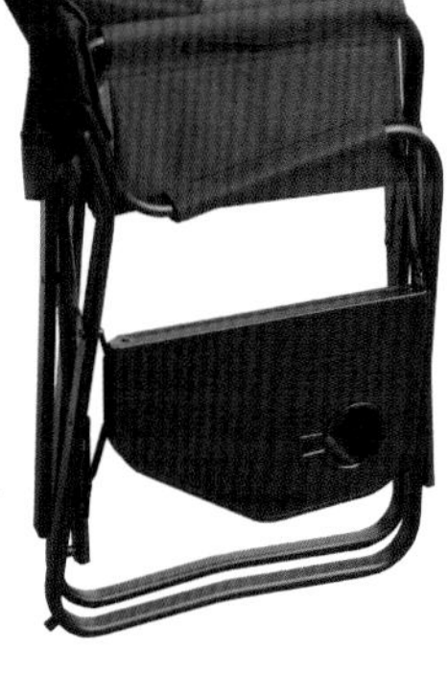

高級感のあるマットな質感のブラック。収納時はサイドテーブルもワンアクションでたためる。

ディレクターチェア OW-N65 派生品

Garden Chair OW-6157

ガーデンチェア

造形美を追い求めた
ディレクターチェアの到達点

一本のパイプからなるサイドフレームは、ディレクターチェアOW-N65の最大の特徴の一つであり、機能美のエッセンスでもあるが、その美しさをさらに磨き上げたのが、このモデルだ。

流れるような曲線がそのまま肘掛けとなり、脚部へ、また一方は背もたれへと続くサイドフレーム。肘掛けと後脚部の間に配した補強パイプは、安定感を高めるだけでなく、サイドフレームのラインと調和するカーブを持たせることで、見た目にも心地よいデザインを意識した。また、肘掛けの腕を乗せる部分には、耐久性の高い自動車のバンパー用素材を採用し、肌当たりがよく、かつアーム部分の滑らかなカーブを妨げない工夫をしている。

フレームの素材はもちろんアルミだが、深みのあるダークグレーのカラーリングと光沢を抑えた表面加工によって、一見、錬鉄のようにも見える高級感のある質感に仕上がった。シートもダークグレーに黒のパイピングを施し、モノトーンに徹することで、シンプルかつ機能的な造形美を際立たせている。収納性、座り心地にスタイリッシュな外観を持ち合わせた、シリーズ最高モデルと言える一脚だ。

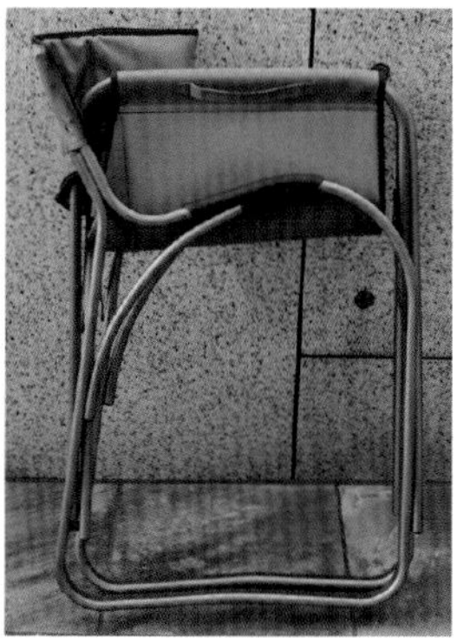

洗練されたシンプルさが、幅広いシーンにマッチする。ワンアクションで折りたためる機能性は従来通り。

人間工学に基づいた座り心地の良さも、OW-N65から確実に継承している。

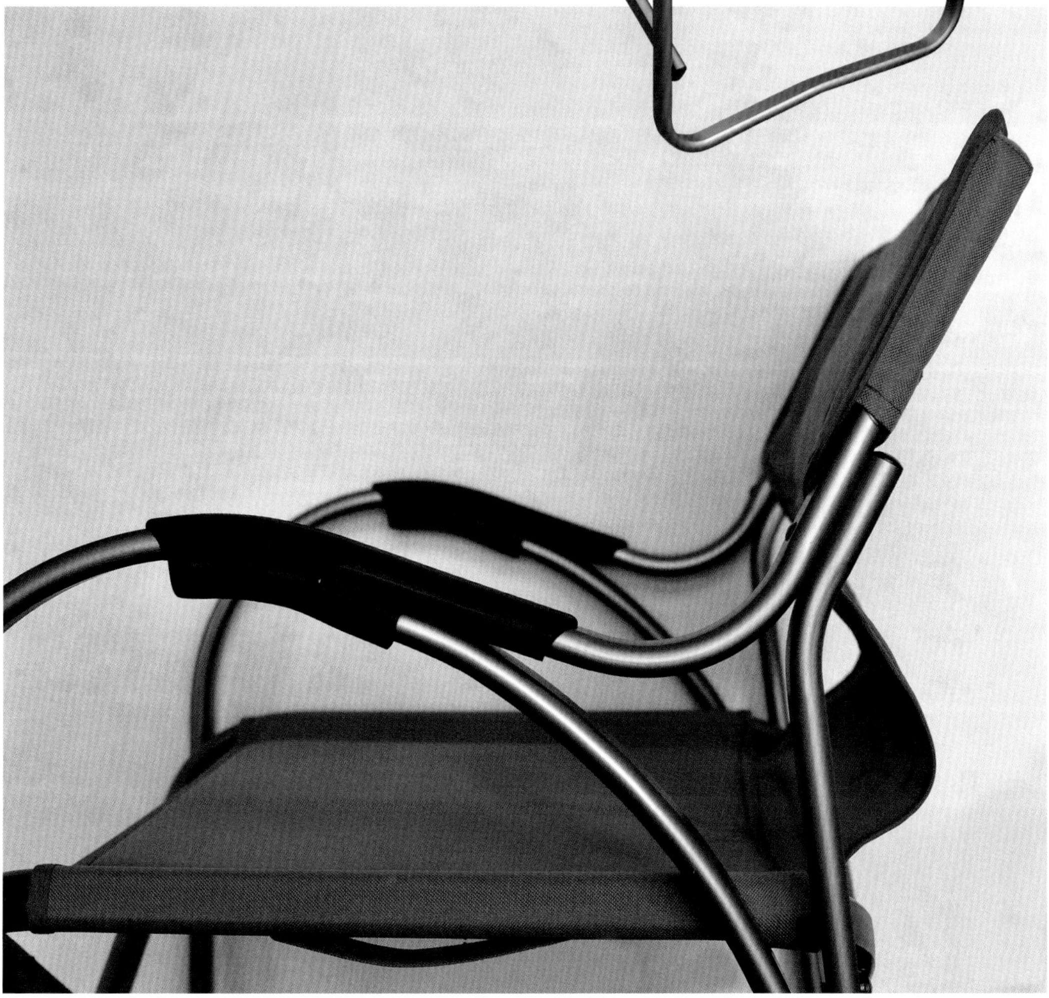

肘掛けと後脚部、補強パイプが三角形を作ることで、安定性を高めている。

Low Chair OW-61

ローチェア

上：シックなつや消し風ブラックのフレームは、都会的なシーンにもマッチする。

右：体格の良い人もゆったりと身体を預けられる大型サイズ。

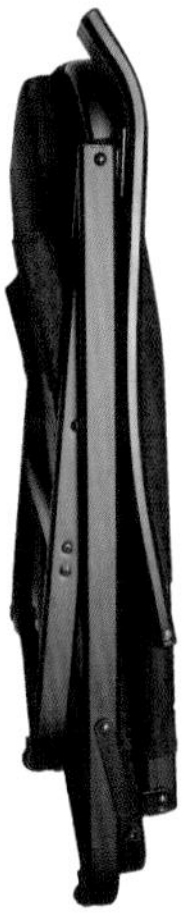

収納も二つ折りで簡単。脚の接地部分はフローリングを傷つけにくいキャップ付き。

シンプルデザインに秘めたくつろぎのための細心設計

ちょうどロースタイルが流行り始めたこの頃、大量に在庫のあった扁平アルミパイプを何かに活用したいと開発したのがこの大型チェアだ。

構造的には特に新規性はない。しかし、幅60.5cmの大サイズに対して、重量はわずか3.5kgという軽さには、誰もが驚いた。ベーシックな前後開閉タイプだが、肘掛けには心地よく腕に沿うオンウェー独自のカーブを採用。背もたれは、最も楽な姿勢で座れるよう人間工学に基づいて導き出した角度で設計している。また、フレーム、シート共に黒で統一された外観は使用環境を選ばず、使い勝手もすこぶる良い。

大柄な人も安心して身体を預けられ、地面に近い位置でゆったりと足を投げ出してくつろげる、文字通りのリラックスチェア。シンプルさと快適な座り心地で人気商品となり、いくつもの後継版、派生品を生むことになるオンウェーローチェアの原型である。

2014

Lチェア OW-5659 後継版

Chair X OW-5659FL

チェアエックス

歴史的名品のDNAを受け継ぎ、進化させた X形チェアの到達点

ニューヨーク近代美術館にも所蔵されている
折りたたみ椅子の白眉、ニーチェア。
日本生まれのこの名品の継承を
作者である新居猛氏その人から託された。
研究を重ね、独自の工夫を加えた
オンウェーバージョンは今も進化を続けている。

ニーチェアを世界へ

新居さんとの最初の出会いは2005年の夏だった。筆者の出張中にフラリと東京の事務所を訪ねて来られたことを後で知り、半信半疑で連絡。その夏のうちに徳島の新居さんの下を訪ねた。氏の用件は「ニーチェアを中国でも製造して世界に売ってほしい」という意向だった。

ニーチェアは「X形の脚部と、その左右フレームのみで張ったキャンバス地の座面」という、極めてシンプルで美しい構造の折りたたみ椅子だ。腰を下ろすと自重で自然と座面が沈み込み、ゆったりと座れる。しかもワンアクションでコンパクトにたためる。1972年に新居猛氏が発表して以来、国内外で数々の受賞、招待出品などを重ね、現在も作られ、使われ続けている。そんな名品の製作を作者から直々に託されたオンウェーは、スタッフ一同喜びと責任を感じつつ、その期待に応えようと開発に励んだ。

軽量版へのアップデート

初期の試作品では、原作との差別化を図るため、肘掛けに中国明朝時代の「官椅」をイメージしたデザインを施した。ちょうど中国の工場を来訪していた新居さんも気に入ってくださったが、後にまた違ったアイデアが社内から出てきた。「軽量版のニーチェア」を作ってはどうかというのだ。折しも大量在庫を抱えていた別の椅子のためのフレーム材を活用できるのではと考えた。この部材は十分な耐荷重性があり、座面が低い、つまり足が楽な分、座部により荷重がかかるニーチェアの構造にぴったりだった。問題は、肘掛けの回転機構をどうするかだ。

このスタイルの椅子の場合、X形の脚部と座面フレーム及び肘掛けが固定されていたはたためない。X形を左右から閉じる時、同時に座面フ

レームと繋がった肘掛けが回転して初めて折りたたむことができるのだ。ニーチェアでは、木製の肘掛けに溝を切り、正面からロングビスを通して回転機構を確保している。一方、すべてアルミパイプで作る計画の軽量版では、どうやって回転させれば良いだろうか？

独自開発の回転＆ロック機構

研究を重ねた結果、回転と、さらに広がりすぎないためのロック機能を１つのパーツで兼ね備える方法にたどり着いた。最適な角度として割り出した31度の回転軸によって脚部の開閉を可能にしつつ、それ以上開かないようロックする。それにより座面への負荷が脚部に分散され、より安全な構造になるのだ。さらに内蔵式のジョイントにすることで、すっきりとシンプルな外観にもなった。また、原作より座面をやや高く設定することで、原作の立ち上がりにくさを改善した。

こうして完成したオンウェー版のニーチェアは、その後も後継モデルが生まれ、右ページの2014年版ではオールブラック、2020年春にはホワイトフレームにチーク材の肘掛けという新モデルも予定している。

左：2007年に完成したオンウェー版ニーチェアの初代モデル「L-チェア」。
下：ニーチェア継承を託された翌月、オンウェー中国工場に新居さんを招待した時の写真。試作品に座っていただいた。

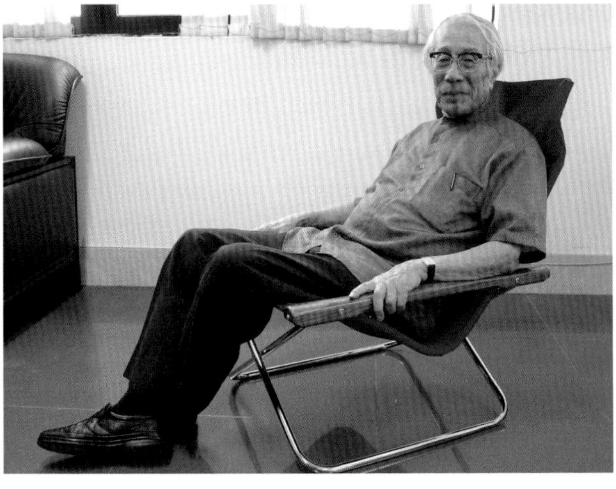

チェアエックスの名で現在も販売されている2014年モデル。置く場所を選ばないオールブラック。

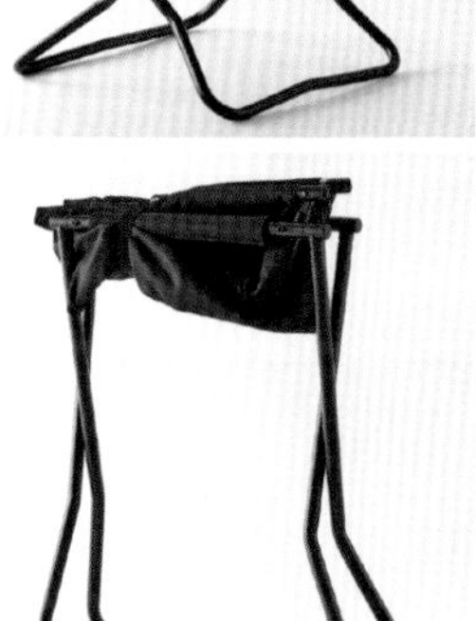

黒色アルマイト処理による黒フレームは高級感があり、かつ堅牢。シンプルを極めた外観が美しい。

ローチェア OW-61 派生品

Comfort Low Chair OW-61BD-BM

コンフォートローチェア

冬場は温かく感じ、夏もベタつかない帆布の素材感を満喫できる一脚。

ナチュラルなベージュ系と黒のフレームは室内外を問わずに使える。

ワンアクションで薄く折りたためる点もOW-61そのままだ。

自然素材の手触りにもこだわった一つ上のローチェア

ゆったり座れる大サイズで、なおかつ見た目に反して軽量、シンプルなアクションでたためる機能性で高評価を得ているローチェア。そのバリエーションとして開発した派生バージョンである。シートには帆布、肘掛けには天然竹の集成材を採用。シートの帆布はやや太めの糸でしっかり織り上げた6号で、木綿ならではのざっくりした手触りが心地良い。そして竹素材の肘掛けも、発泡ポリウレタンクッションとはまた違う温かみのある質感が持ち味だ。また、一般にシートに帆布を使ったチェアは重くなりがちだが、この椅子は発売当時のローチェアOW-61と変わらない重量3.5kg（現行OW-61は3.2kg）。

楽な姿勢で座れる心地良さ、携帯性と収納性に加えて、自然素材の手触りにもこだわった名前通りの「快適」重視モデルであり、成熟期のオンウェーを体現するフラッグシップモデルの一つでもある。

2018

ローチェアOW-61派生品

Comfort Low Chair Plus OW-61BD-BM plus

コンフォートローチェアプラス

包み込まれる座り心地。くつろぎチェアの最上級

左ページのコンフォートローチェアOW-61BD-BMにさらなる快適を加えた、いわば豪華版。帆布のシート全体を中綿入りのクッションカバーで覆った「プラス」バージョンも、同年にリリースした。

心地良く体を包み込むクッション性もさることながら、生地にスエード調の起毛素材を使っているため、帆布とはまた違ったリッチな手触りだ。オリジナルのローチェアOW-61を受け継ぐ、くつろぎ重視のサイズと設計はもちろんだが、クッションカバーは簡単に取り外して洗濯もでき、また付けたままで椅子自体を折りたためる仕様にして、使い勝手やメンテナンス性にも配慮している。

眺めの良い野外やテラスで贅沢な時間を楽しむのにぴったりなだけでなく、室内で一人掛けソファーとして使えることも前提にデザインした、オンウェーの快適系チェア、最上級のモデルである。

左：アウトドアにリビングルームを持ち出す感覚でリラックスできる。下：程よいボリュームのクッションが体を包み込む。クッションを外せばOW-61BD-BMと同じ帆布のシート。

Stain Low Table OW-6034

ステンローテーブル

二人の技術者が足掛け５年。
創意が結晶したクールなテーブル

折りたたみテーブルに望まれる機能とは、小さく薄く折りたたんで持ち運べ、コンパクトに収納できること。携帯する際の見た目も良いに越したことはない。そんな条件を満たすテーブルを目指して、二人の技術者が５年の歳月をかけて完成させたのが、このローテーブルだ。

最大の特徴は収納時の薄さ。テーブルを折りたためるように作るのは難しいことではないが、小さく薄くとなると決して容易ではない。天板自体はアルミ複合版で薄さとある程度の強度を両立できるが、縁のフレームが必要だ。フレームの幅がテーブルの厚みになり、二つ折りにすれば厚みは倍になる。これを薄くできないかと考えたのが、かつてどこ

の家にもあったVHSテープのケースだった。左右のフレームを重ね合わせることで、二つ折りのフレームを１枚分の厚みで収納できる典型例だ。

VHS式の仕組み自体は簡単だ。しかし金属フレーム付きの天板に応用するとなると話は異なる。フレーム幅＝テーブル厚を薄くするほどそこに取り付けるヒンジやロック機構、取っ手のためのスペースが減ることになるのだ。薄さと強度、強度と外観。時として矛盾する課題を独自設計のヒンジやステンレス部材の多用など、様々な創意工夫で一つ一つ解決しなければならなかった。

初代技術者が病に倒れ、後継の技術者が唯一残されたロック機構の問題を解決したのが2014年。アタッシュケースのようにスタイリッシュなテーブルが完成したのは、発案から５年後のことだった。

細幅のフレームに収まるよう、ヒンジも独自開発した。

脚はステンレスパイプをねじ込む方式。補強バーなしで天板を支えられる。

合理的な補強板の配置で、天板裏もすっきりとしている。

二代目の技術者がロック機構を考案し、まさにアタッシュケースのような外観に仕上がった。グレー調のメタリックな質感も印象的だ。

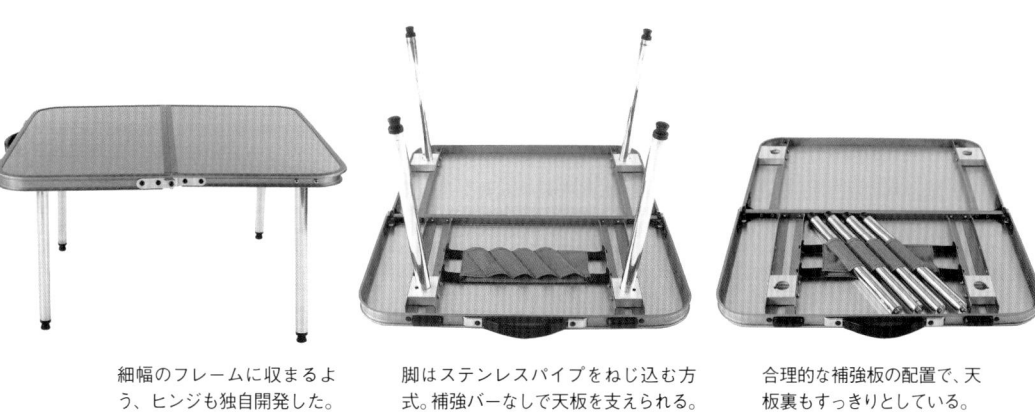

Rex Table OW-7845

レックステーブル

力強く滑らかな曲線を描く脚部が、最大のデザインポイントだ。

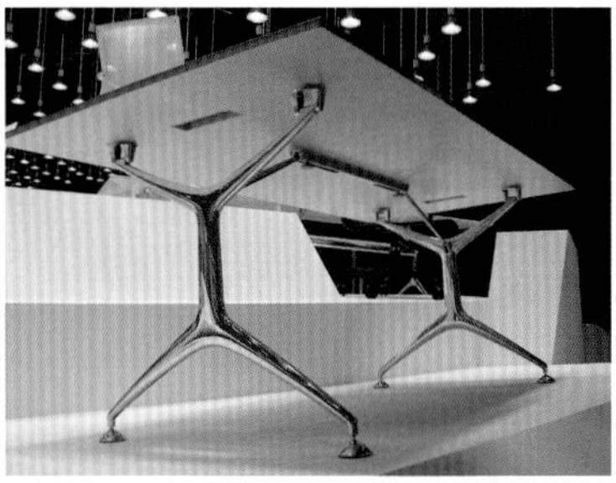

左上：パリのシャンゼリゼ通りに置かれたこのベンチがヒントとなった。

左下：2006年のミラノの展示会で見た室内用テーブル。レール式開閉機構で折りたためる。

コスト度外視で実現した、Xラインの曲線美

きっかけは、コンフォートチェアOW-72BD-BM（p.166）を2脚愛用してくれているユーザーからのリクエストだった。帆布のシートと竹材の肘掛けを持つこの椅子に二人で向き合って座る際、「ちょうど良いテーブルはないだろうか？」と言うのだ。もとよりOW-72BD-BMには、室内にも合うデザイン性、インテリア性を持たせている。これにマッチするテーブルとなると、やはり機能以上に美しさが欲しい。

天板は竹集成材として、脚部をどうするかと考えた時、思い浮かんだのが、パリの街角で見かけた鋳物製のベンチだった。X形脚部の美しく力強い曲線が、実に印象的だ。このデザインをベースにローテーブルができないだろうか。OW-72BD-BMの角パイプを使ったらどうだろう。

しかし、実際にこの角パイプをイメージ通りのラインに曲げるのは、

同じ角フレーム、同じ竹素材を使っているのでチェアとの相性は抜群だ。

下：サポートバー（円内）がスライドして脚部が収納される仕組み。中心部には独自開発のロック機構を設け、たたんだ脚が落ちるのを防いでいる。

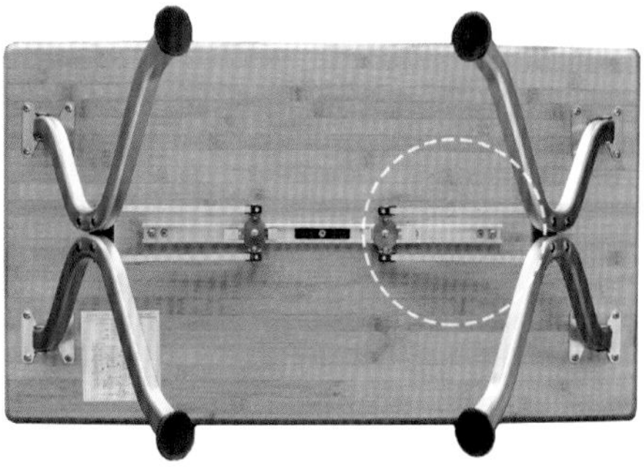

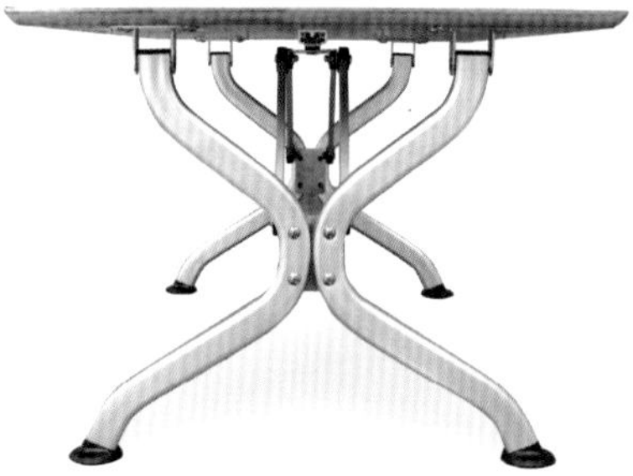

角パイプを曲げる加工は難しく、割れるリスクが伴うが、完成すれば美しい。

並大抵のことではない。そもそも角パイプを円弧状に曲げるのは難しく、半径が小さくなるほど割れやすくなるのだ。たまたま工場にあった硬化処理前の柔らかいパイプを曲げてみると、割れるリスクはあるが、思い通りの曲線ができた。世界のどこにもない美しい形状のテーブル脚部ができあがった。これをどう折りたたむかが次の課題だった。

収納方法によって脚の高さも天板の長さも変わる。全体が美しいバランスで成り立ち、かつできるだけシンプルな方法を模索した結果、ミラノの展示会で見た「レール式収納」を採用することにした。断面が「コ」の字形のレールを天板裏の中央に取り付け、これに沿ってサポートバーがスライドする仕組みだ。このレール方式により、裏もすっきりとした折りたたみテーブルが完成した。

確かに脚の曲線加工は、割れるリスクが伴いコスト的には合わない。しかし時にはコストを度外視しても美しく作ること。シンプルさを追求すること。オンウェーのそうしたポリシーを象徴する一作である。

ツーリングテーブル OW-5663 後継版

Mini Table OW-4035

ミニテーブル

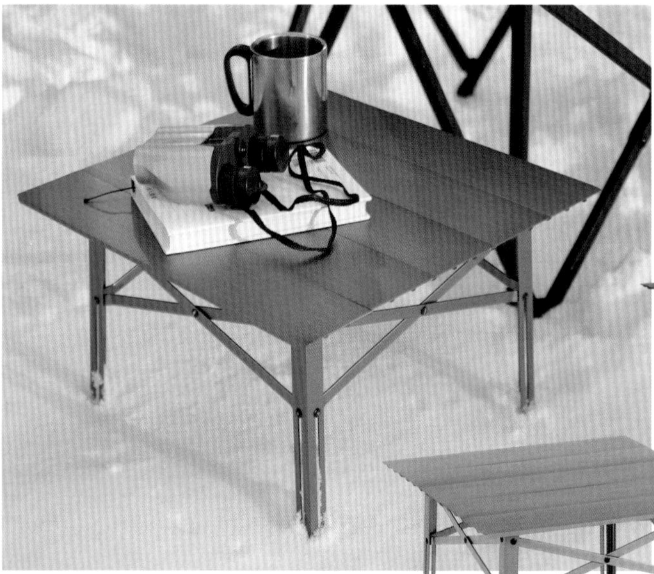

左：L形角版の脚は、深い雪でもさっくり地面に差して安定させられる。

下右：鮮やかで深みのあるピンクアルマイト塗装。自然の中で良い目印にもなる。
下左：深みのあるグレーアルマイト。

左：幅12cm、厚さ4cmにたためる。

傑作ツーリングテーブルを、より広く、多彩に更新

オンウェーの隠れた人気製品ミニテーブルシリーズも、この時期、磨きをかけた。テーブルらしい安定感のある形状と、収納性・携帯性で好評を得てきたツーリングテーブル４代目、OW-5663の後継版である。

Ｌ形角版に穿った縦溝をサポートバーがスライドして開く脚部も、丸ビーズのコンビで天板を固定する仕組みも全く同じ。ただしサイズは、前作よりふた回りほど大きくした。脚の太さは変わらないため、よりすっきりした外観になった。さらにカラーも、彩色アルマイト加工による深みのあるグレーと鮮やかなピンクの２色に。ツーリング中の臨時テーブルとしてだけでなく、キャンプサイトやベランダのサイドテーブルとしても広く使える、スタイリッシュで多用途なテーブルとなった。

2015

Pansy Table OW-5104

パンジーテーブル

扇子のようにたためる三つ折りテーブル

天板を三つ折りにする発想は、2007年、ミラノの展示会場で得たものだった。展示の中に、大型の円卓を三つ折りにして金属の脚で支えた作品があっのだ。円形天板を扇子のようにたたむ発想がおもしろく、得意先に提案してみると、最初は好反応だったのだが、検討の結果「使えない」と言う。脚３本で支えた天板は、手をつくと反対側が持ち上がり、ひっくり返ってしまうのだ。

そこで行き詰まったかに見えたが、「三つ折り」という発想は捨てがたく、ミニテーブルで再検討。社内から「狭い空間で使うワンポールテント用に特化する」案が出てきた。荷重に伴い脚が外に開いてしまうという問題も発覚したが、試行錯誤の結果、サポートバーとリングで解決。小さな三つ折りテーブルがついに実現したのは、発案から７年後のことだった。

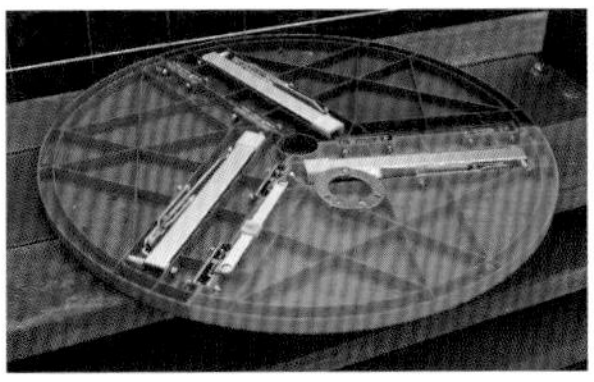

サポートバーやヒンジ以外にも、ヒンジやロック機構など、随所に工夫が必要だった。

Slim Table OW-1057

スリムテーブル

オリジナル開閉機構が可能にした シンプル操作とコンパクト収納

イージーハイテーブルOW-1045（p.140）と同じ機構の、よりシンプルなテーブルである。シンプルなのはデザインだけではない。むしろ開閉動作のシンプルさがこのテーブルの最大の特徴なのだ。

収納のための作業は2つ。ロール天板を外して巻くこと、そして脚部をたたむこと。この脚部の開閉は、イージーハイテーブル同様にワンアクションでできるので、まさに簡単この上ない。このイージーな操作を可能にしているのは、X形脚部の両サイドに設置した多方向ジョイントだ。これによってロール天板を支えるフレームの水平回転とX形の開閉に伴う垂直回転が1パーツで同時に行える。つまり、天板フレームの中

落ち着きのあるグレーが、シーンを選ばずマッチする。

央を内側に折り込むだけで、脚部も自動的に閉じるのだ。さらに、この天板フレームの折りたたみも、耐荷重性の高いロングヒンジを使うことで可能になっている。

ベンチとのセットや上記キッチンテーブルなど、様々な派生品のコアであるこのシンプルモデルは、ロール天板テーブルの一つの完成形とも言えるだろう。

脚を開いて天板を留めるだけで即、テーブルに。

上：天板フレームはロングヒンジで荷重性も確保。下：脚部と天板フレームを繋ぐ多方向ジョイント。

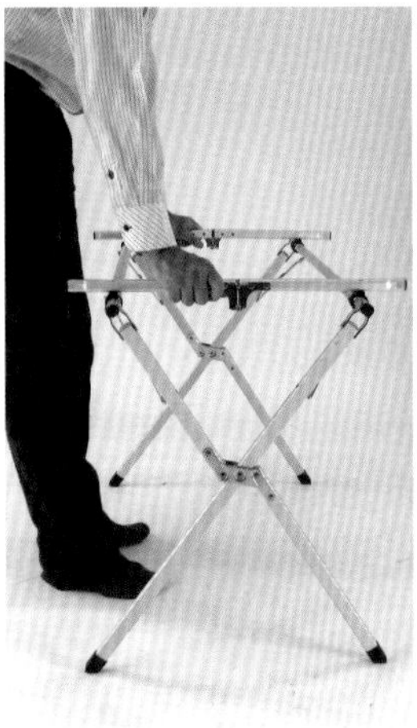

❶天板を外して
フレームの中程を持ち

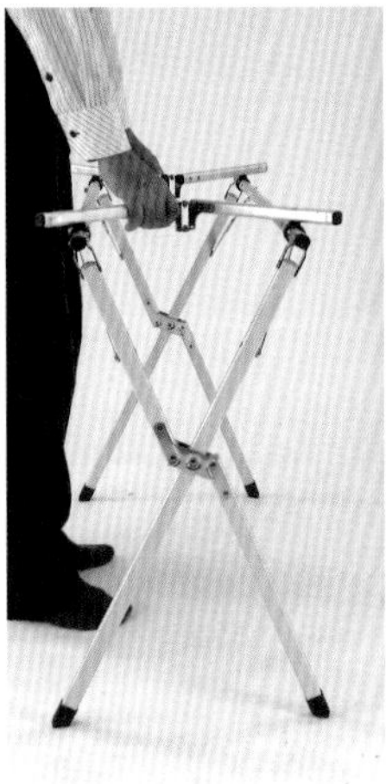

❷左右から軽く
内側に折ると

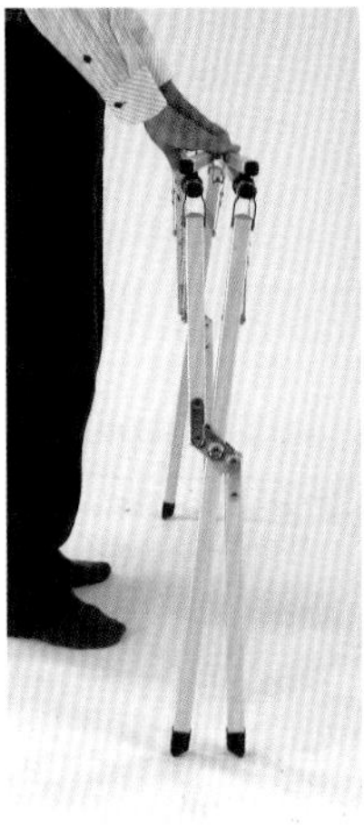

❸自然とX形が
閉じてI形に。

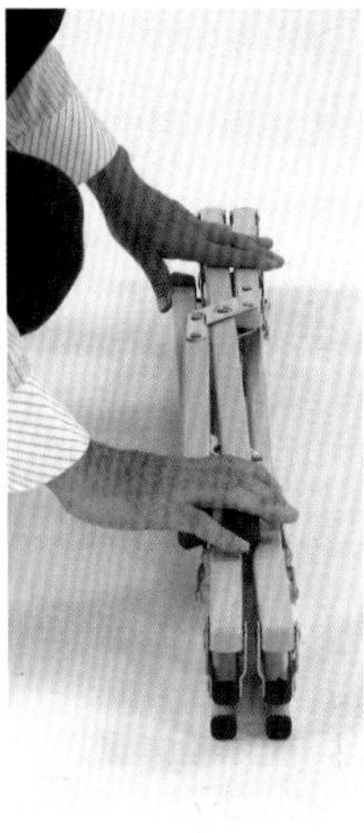

❹細い束状に
折りたためる。

スリムテーブルOW-1057派生品

Slim Cooking Table OW-176

スリムクッキングテーブル

ワイドなスペースで、仲間と一緒に調理を楽しむこともできる。

収納性はそのまま。ワイドに使える調理台

スリムテーブルOW-1057にさらなる機能性を加えた調理用テーブル。天板脇にもう一つ、コンロやバーナーを置けるフレームを設置して、火を使いながら調理作業ができるワイドな設計にした。天板下には鍋などを置ける棚も設置。天板と同じロール式の棚板は、サイドのコンロスペースに載せてサブテーブルとして使うこともできる。

もちろんスリムテーブルと同様に折りたたみ方法もいたってシンプルで、天板と棚板を外し、天板フレームとコンロ台の中程を折り込めば脚部が閉じる。後は束状にまとめれば、驚くほどコンパクトに収納できるのだ。逆に言えば、どこへでも持ち運んで大スペースを展開できるということでもある。キャンプクッキングの野外キッチンとしてはもちろんだが、DIYやガーデニングの作業テーブルなど、使い方はユーザー次第。この自由度の高さも、成熟期のオンウェーが考えるユーザー本位の現れと言えよう。

棚板を天板にしてダブルテーブルにも。

全てがコンパクトな束状に折りたためる。

メイン天板は調理台だけでなく、そのまま食卓として使っても良い。

ファミリーテーブルセットOW-8484後継版

Family Table Set Earth OW-8484BLK

ファミリーテーブルセットアース

上・右：薄型のケースから6人座れるセットが現れる人気商品。

下2点：左はベンチ座面、右はテーブル天板。

上：グレーの地色が金属パーツとも美しく調和する。

ナスカの地上絵プリントに 地球への想いを込めて

6人座れるセットをスタイリッシュなケースに収めた人気商品、ファミリーテーブルセットOW-8484に、プリント柄を加えた後継版。テーブル天板＝ケースとベンチ座面のアルミ複合版に、落ち着いたグレー地のパターンをプリントした。モチーフにしたのはナスカの地上絵だ。

広く知られているように、ナスカの地上絵には、ハチドリやコンドル、サルなどの動物、樹木や花、そして謎めいた幾何学模様があり、今世紀に入って新たに発見されるものもある。

古代の人々が大地に描いたこれらの図象から、地球上で受け継がれてきた様々な命に想いを馳せ、また天空からの眺めを想像してもらえたら。キャンプを楽しみながら、自然へのリスペクトを感じてもらえたら。さり気ないプリント柄にそんな願いを込めた、オンウェーらしいデザインでもある。

コンパクトテーブルセット OW-103 後継版

Compact Table Set OW-103BLK

コンパクトテーブルセット

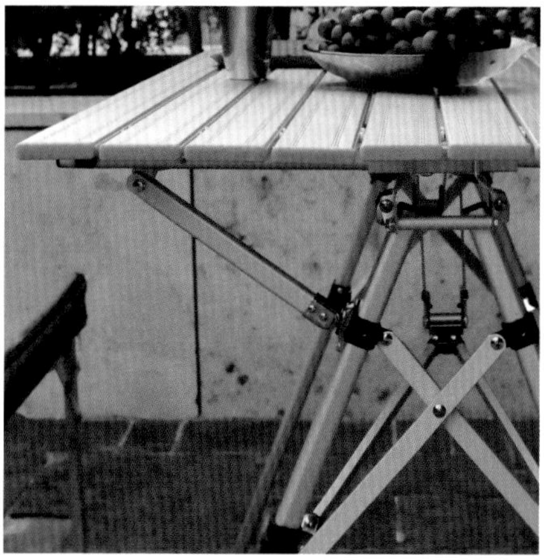

上：テーブルは最小限の動作で開閉できる。

右上：ケースカバーがそのままクッションになる。

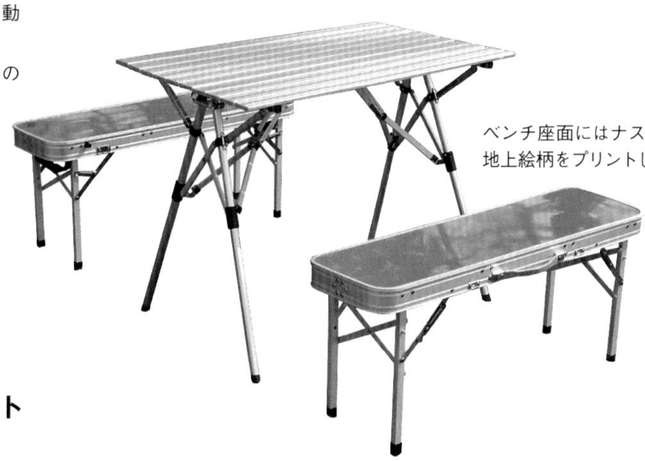

ベンチ座面にはナスカの地上絵柄をプリントした。

遊び心を加味した世界的な人気セット

ベンチにテーブルを収納するという画期的なアイデアで、2002年の発表以来、世界的なヒットとなったコンパクトテーブルセットOW-103（p.129）。この商品も、後継モデルではより使いやすく、かつ楽しくアップデートした。

ベンチ座面にはアルミ複合版を採用することで強度を高め、そこにファミリーテーブルセット（p.189）と同じ地上絵モチーフのパターンをプリント。ちょっとした遊び心もプラスした。さらに、スポンジ入りのベンチカバーを加え、座り心地を改善している。このベンチカバーは、ベンチ二つ分をファスナーでつなぎ合わせることができ、収納時にはケースカバーにもなるのだ。グレーのカバーに包まれたケースは、これまで以上にキャンプ用品らしくない。中から90cmの大テーブルが現れる意外性もまた、遊び心をくすぐるはずだ。

2016

ゲームテーブル OW-122 派生品

Middle OctagonTable OW-8080

ミドルオクタゴンテーブル

八角形というユニークな形は5〜6人でも囲みやすい。

ロースタイルで楽しむ八角形天板

ゲームテーブルOW-122（p.130）で実現した八角形天板というユニークなスタイルを、より気軽に楽しめるようにとコンパクトなローテーブルに進化させた。

コンパクトとは言っても、縦横80cmという十分な大きさのミドルサイズだ。大型のゲームテーブルでは８本だった脚は４本にしたが、天板裏の補強板を利用したサポートバーによって、収納と安定性を確保する仕組みは踏襲。約20kgという十分な耐荷重がある。折りたたむ際も大型版同様、脚部は天板裏にすっきり収まり、天板を二つ折りするだけでどこへでも持ち運べる。さらに、マグやグラスを入れられるドリンクホルダーも大型版から受け継いだ。

既存モデルを放棄するのではなく、そこからリ・デザインして新たな製品に展開する。成熟期のオンウェーらしい一点と言えるだろう。

天板は、清潔感のある白いメラミン板を使用。

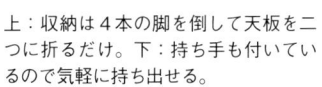

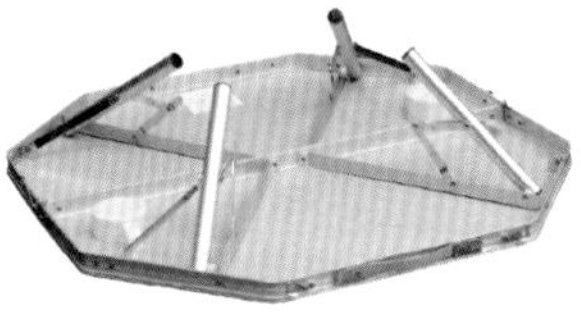

上：収納は４本の脚を倒して天板を二つに折るだけ。下：持ち手も付いているので気軽に持ち出せる。

フォーフォールディングテーブル OW-180 派生品

Mini Wing Table OW-4037

ミニウィングテーブル

翼のようにトレーが広がる
コンパクトテーブル

両脇にアーチ型のトレーを備えたミニテーブル。ドリンクや携帯、キーなど手回り品の他、料理や調味料を置くなど、トレーの使い方はアイデア次第。テーブル上のモノを整理して広々と使える便利な仕様だ。

サイドトレーは脚部と共に、すっきりと天板裏に折りたためるので、収納時は天板二つ折り分のコンパクトサイズになる。この仕組みは、フォーフォールディングテーブルOW-180（p.66）で開発したロングヒンジの応用によるものだ。

重量3kgを下回る軽さは女性にも持ち運びやすく、また、トレーをたたんだままでも使用でき、様々な使い方が可能。どこで、どんな風に使おうかと、ユーザーの遊び心をくすぐる自由度の高いテーブルでもある。

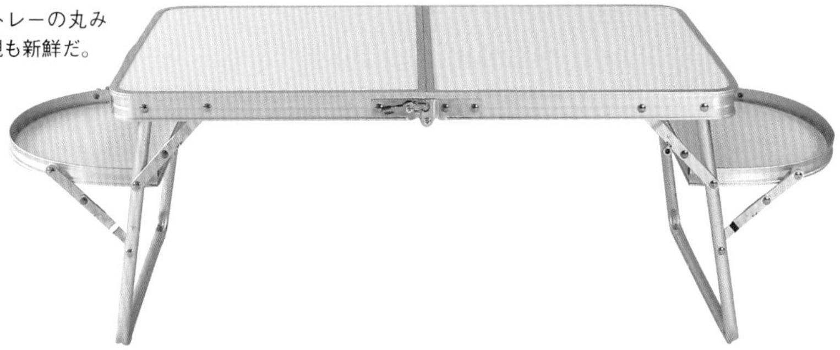

アーチ型トレーの丸みのある外観も新鮮だ。

スペースを無駄なく使いコンパクトに収納できる。

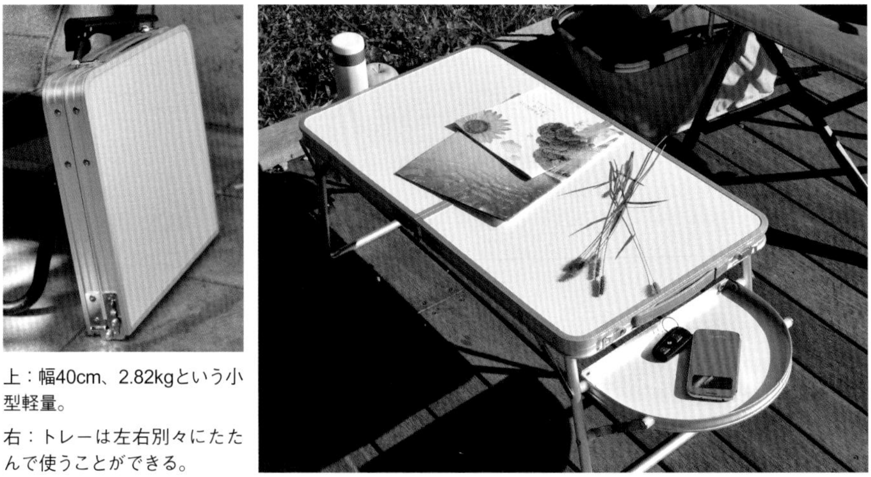

上：幅40cm、2.82kgという小型軽量。

右：トレーは左右別々にたたんで使うことができる。

フォーフォールディングテーブル OW-180 派生品

Multi Folding Table OW-6545

マルチフォールディングテーブル

上：二つ折りした天板に全てが収納できる。

左：二人で囲むのにちょうど良いサイズと機能だ。

緻密な計算でトレーや脚の最適バランスを割り出している。

小型軽量でもコンロが使える。必要十分以上の多用途テーブル

左ページのミニウィングテーブルOW-4037に、さらなる機能性をプラスしたのが、このローテーブルだ。コンパクトなサイズはOW-4037と同様だが、こちらにはさらにコンロが使える仕様を追加した。一見、通常のテーブルに見える天板の半面が、取り外して裏返せばスチールのラックに変身。天板フレーム内側のフックに、ラック部分の金具を引っ掛けて設置するため、熱が天板に伝わりにくく、BBQコンロや調理バーナーなどの加熱器具も安心して置ける。ラック部分は一段低くなっているので、クーラーボックスなどを置くにも便利だ。そして、もちろんサイドトレーはOW-4037と同様にたたんだままでも使える。

小さくても使い勝手に妥協しない。むしろ小型軽量だからこそ、よりアウトドアを存分に楽しめる機能性が欲しい。そんなユーザー目線を反映させた多機能ミニテーブルの自信作である。

2017

ゲームテーブル OW-122 派生品

BBQ Table OW-122BBQ

バーベキューテーブル

大人８人でゆったり囲める
縦横122cmの大天板。BBQ
パーティーに最適だ。

スチールラック部分を裏返せば
通常の天板として使える。

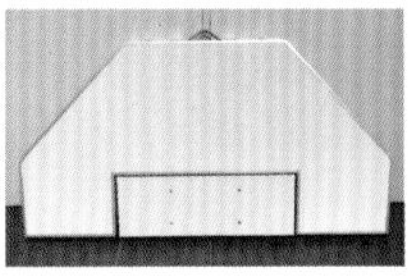

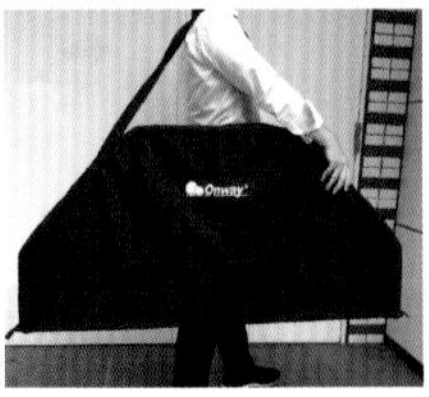

上：ローテーブル使用も
可能。下：二つ折りで収納。

オクタゴン天板をフルに活かす パーティー対応の大テーブル

アメリカ向けゲームテーブルOW-122の発表以来、日本国内でも「オクタゴンテーブル」の名で好評を得てきた八角形の大テーブル。大人数でゆったり囲めるゆとりの天板を活かし、パーティーにもふさわしい白を基調としたBBQテーブルにアップデートした。

天板中央部分には、マルチフォールディングテーブル（p.193）と同様のスチールラックを吊り下げて、BBQコンロやバーナーを設置できる仕様だ。ラック部分には熱々のオーブン鍋や、反対にクーラーボックスを置いてパーティーらしい演出も楽しめる。スチールラックを裏返してはめ込めば、フラットな天板となり、通常のテーブルとして使える。天板は、白いメラミン加工板。撥水性、耐酸性、耐アルカリ性に優れ、汚れも簡単に拭き取れる、使い勝手の良さは折り紙付きだ。清潔感ある白は料理も引き立て、集いの席を盛り上げる名脇役になるはずだ。

2018

Fire Grill Kanae OW-4545kanae

ファイアグリルKANAE

2018年グッドデザイン賞受賞

椅子のためのアイデアが グッドデザインのグリルに結実

スタートは「スタイリッシュな焚火台」を作ろうと考えてのことだった。人数を問わず、みんなで囲める円形の焚火台。脚部には、新型の中央収束式を模索して商品化までもう一歩だった椅子、アポッドチェアの機構を応用することで、コンパクトにたためるようにするのだ。

しかし、模型製作、原寸サンプルへと開発を進める中で、焚火台だけの機能で終わらせるのが惜しくなってきた。ロストルの上に網を載せてBBQも楽しめるようにしたらどうだろうと。ところが、どうやって焼き網を載せるかが問題だった。他社製品では本体炉のフチに載せるものが多いが、開発中の炉は浅いため高さが足りないのだ。

解決方法が見つからない中、ふとしたことからダッチオーブンを載せ

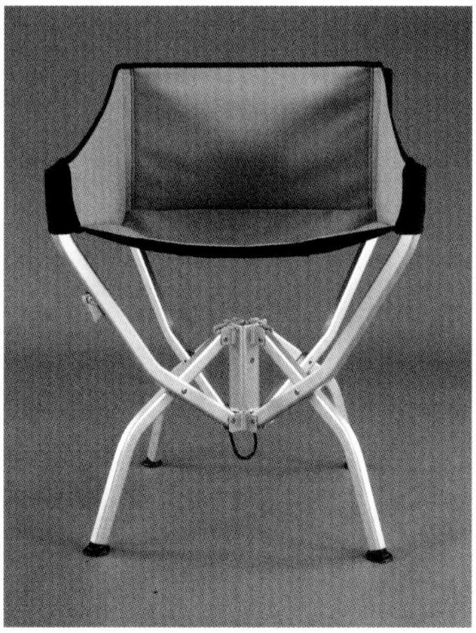

上下のフレームが同時に収束する新構造の脚部を模索したアポッドチェア。

上：焼き網、本体、蓋は高品質ステンレス素材を使用。中国春秋時代の食器をイメージしてデザインした。

右：ダッチオーブンも使えるしっかりした構造。

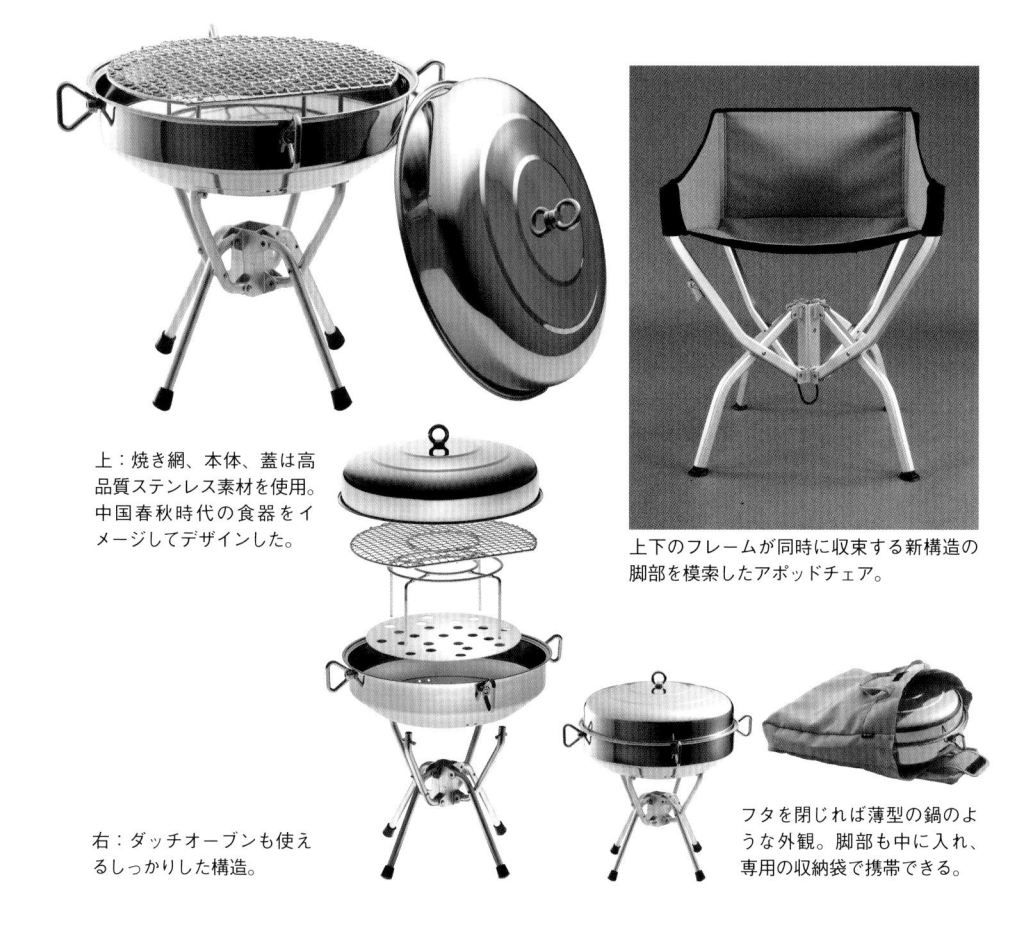

フタを閉じれば薄型の鍋のような外観。脚部も中に入れ、専用の収納袋で携帯できる。

ると言うアイデアが浮かんだ。一旦、BBQ機能を放棄してダッチオーブンを使うためのスタンド、つまり五徳を載せる方法を思案していた時、ちょうど目に留まったのが、脚部パイプの先端だった。本体炉の底を突き抜ける形で脚部を接続していたのだ。パイプ先端に五徳の脚をはめ込んで固定すれば、ダッチオーブンも使える。さらに焼き網も載せられるではないか。アポッドチェアの脚部パイプが、ここでも活かされることになったのだ。こうして2015年、焚火台改め、初代ファイアグリルが完成した。

その３年後、蒸し焼き用の蓋を加え、中国春秋時代の食器をイメージしてリ・デザイン。焚火、BBQ、蒸し焼き、燻製までもこなす一台四役。もちろん使わない時は、全てが本体炉の中にコンパクトに収納できる。アウトドア活動だけでなく、災害時にも役立つ道具として、グッドデザイン賞にも輝いた。

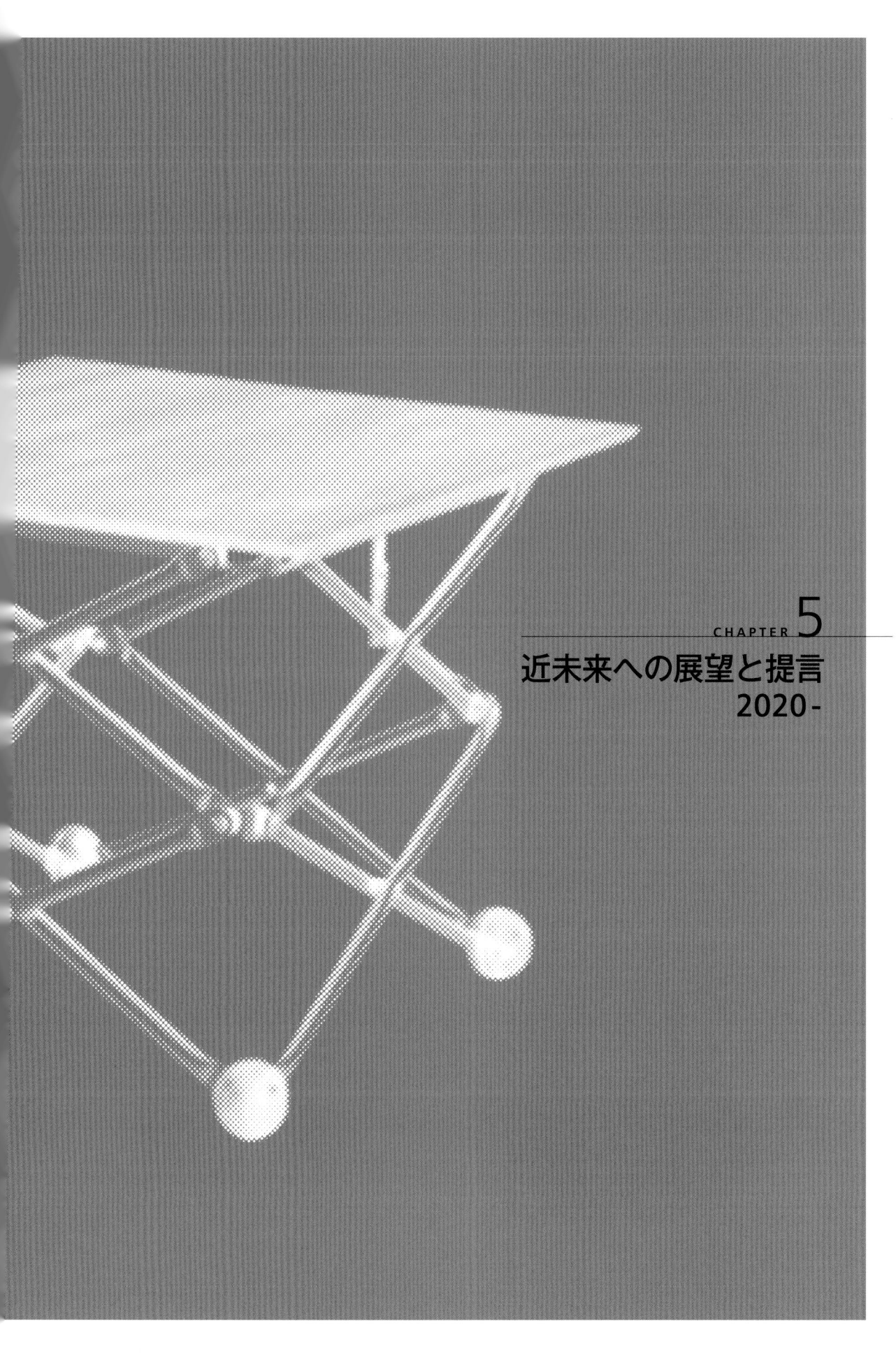

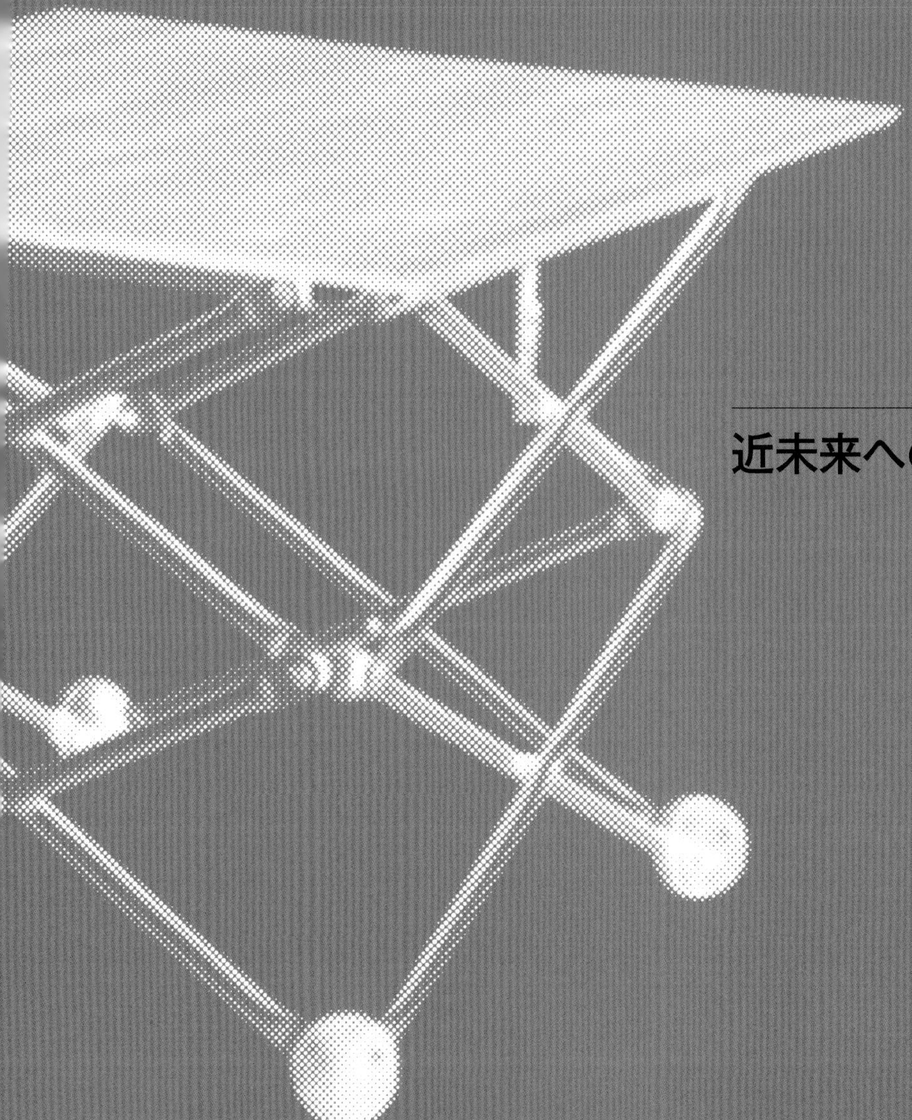

CHAPTER 5

近未来への展望と提言 2020-

アウトドアファニチャーのこれから

近い将来への期待と課題

**今後のアウトドアファニチャーはどうあるべきか、
またどうなってゆくのか。
第二次ブームとされる今、その将来への考察として、
筆者が期待すること、課題と考えることを記しておこう。**

消費の理性回帰

いずれ消費者の熱は醒め、アウトドアでの遊びそのもの、人気の道具にも冷静な価値判断が下されるようになる。今現在、考えられるだけでも以下のような課題がある。アウトドアファニチャーの作り手側である私たちは、より早く、より冷静に、これらと向き合うべきだろう。

キャンプブームがいつまで続くか

ブームとは爆発的に流行すること、急激に盛んになることで、社会情勢を始めとした様々な要因で起きるものだ。つまり、社会が変化するものである以上、長くは続かない。ブームの去らない市場はないと言われる所以である。

特にアウトドアレジャーやキャンプは、そもそも野生的な遊びである。何らかの事情によって野外で寝たり食べたりすることは、本来、人間にとって快適なものではなく、長期間の野外生活は、ほとんどの人には困難な経験だろう。例えば虫、水、トイレ、風呂の問題など、不快や不便には事欠かない。自然の中に生活の場を移すには、そうした自然環境への適応が求められるのだ。

確かに非日常性を楽しむのがアウトドアではあるが、楽しみのために長期間テント生活をする人は稀だし、また頻繁に山や海へ行く人の数も限られる。結局のところ、現代人にとって、空調の効いた室内で過ごす状態が日常であり、一時期アウトドアに熱中したとしても、やがて快適な日常に戻ってゆくのだ。統計では、ブームと言われる現在でも、キャンパーがキャンプに出かける頻度は、年間を通して全国平均3.7回という（出展：日本オートキャンプ協会　オートキャンプ白書2018）。ブーム後の減衰は想像に難くない。

ロースタイルは本当に便利なのか

アウトドアファニチャーの大きな流れとなっているロースタイルのチェア。「座椅子」に代表される日本の伝統的生活スタイルの現代版として人気だが、実際に今の日本人にとって便利なのだろうか。生活の欧米化が進み、多くの人がベッドで寝起きする時代、個人差はあるものの、通常の椅子に比べ立ち上がりは楽ではなく、また長時間座っていられるほどの快適さもない。特に食事などでテーブルと組み合わせて使用する場面では、テーブルも低くないと家具としての機能すら果たせない。

都市キャンパーにとってのハードル

都会生活者で自然を求めてキャンプに出かけるという人は多い。しかし、車を持たない若者が増えた近年、車なしだとキャンプ道具の持ち運びは難しい。レンタカーもマイカーに比べると何かと不便だ。また、アウトドアで雨に降られた場合、濡れた道具の扱いが厄介という問題もある。集合住宅はもちろん、都市部の手狭な住宅地では乾かす場所がなかなか取れず、再びキャンプ場に行って乾かすしか手だてがないのだ。それ以前に、マンション居住者にとっては、道具の収納そのものが悩みの種であることは言うまでもない。

納得できる道具に出会えるのか

キャンプ用品が多様化し、店頭にもネットにも溢れている現在、選ぶのに困るユーザーも多いはずだ。「とりあえず」のつもりで低価格なものを入手しても、低価格なりの品質に不満も出やすく、壊れるリスクもある。近年は、より納得のゆく道具への買い替えにシフトする傾向が見られるが、一方で不要となった道具の処分という問題も出てくる。

以上のような課題を前にして、このブーム期にアウトドアレジャーを始めたユーザーは、初心者から中級者への道を進むのか、もしくはアウトドアの遊びをやめてしまうのか、二者に別れることになるだろう。

淘汰の季節の再来に備えて

第一次アウトドアブームが終わった20年前の記憶はまだ新しい。ブームはいずれ収束するものだ。今のアウトドアブームも、2020年の東京オリンピックを頂点として五輪後は冷え込むのではという見方がある。そうなった時、アウトドア業界では、20年前と同様に生き残りをかけた再編が起きる可能性もあるだろう。淘汰の時代が再来するかもしれないのだ。メーカーやブラントだけの話ではない。ブーム時の膨張するニーズに応えて大量生産・大量消費された道具は、ブーム終焉と共に大量廃棄されることが考えられる。第4章で触れたように、現時点でも大量放出の兆候はあり、すでに回収業者、リサイクルマーケットが現れているのだ。間近に迫る次の時代に向けて、備えておく必要がある。

予測不可能な時代の問題提起

上記のように、現状でも考慮すべき課題は山積みだが、産業界のみならず、人々の生活が大きな変動の中にある今、さらに以下のような問題にも向き合わなくてはならないだろう。

若者の車離れは後戻りする気配もなく、マイカー不要論までが台頭し、自動車会社消滅の日などと囁(ささや)かれている今日、モバイル＝可動性をキーとして進化してきたキャンプというレジャーの行方はどうなるだろうか。

また、5Gに代表される通信技術の進歩、AI（人工知能）時代の幕がすでに上がっている今、決定的な変革が社会全体に起きることも予想される。二十年前、パソコンの普及によって人々の関心がアウトドアからインドアにシフトした歴史は再来するのか。それ以上の変化が起きるのだろうか。予測不可能ではあっても、そうした変化の兆しに敏感でいることは必要だと考えている。

オンウェーの歩み
1

未来の人々に向けて

作りたいのは、100年続くファニチャー

前述の課題を意識した上で、オンウェーは、未来に向けた独自の指針を掲げている。中長期的、また短期的な企業方針は、いずれも目先の利益を追うためだけのものではない。オンウェーのものづくりの目標は、後世の人々にも役立つ道具を残すことなのだ。

あくまでも主軸はフォールディングファニチャー

最初にディレクターチェアの改良を手がけて以来、オンウェーは、より合理的で使いやすく、また美しい折りたたみ機構の研究開発を重ね、数々の折りたたみ椅子や折りたたみテーブルを生み出してきた。あくまでも企業の中核はフォールディングファニチャーであり、さらに強化すべきと考えている。目標は100年後にも使われる道具の開発なのだ。

残すべきものは残し、時代を見据える

これまでオンウェーが開発してきた製品の中には、構造的にこれ以上改良の余地がない、高度に完成されたものもある。いわばマスターピースである。例えば、スリムチェアは100年後にも誰かが作って使われているのではないかとも思えるのだ。そうしたある種の到達点に至った製品は、安易に改良せず、大切に売ってゆく。短期的なブームや時代の空気に流されることなく、残すべきものは残すこともまた、未来の人々への貢献になるのではないだろうか。

もちろん、決して変化を否定するわけではない。時代は絶えず変化し、変わりゆく社会にマッチする道具が求められる。常にアンテナを張り、社会のニーズをキャッチすることも怠ってはならないのだ。流行を追いかけるのではなく、時代を見つめ、新しいオリジナル製品の開発に情熱を持ち続けることもまた、マスターピースの継承と同等以上に重要と考えている。

企業のクオリティを保つ努力

オンウェーという企業、ブランドとしての価値を保ち、またより高いレベルに上

げるためには、上記のような指針に沿って開発コンセプトを打ち出し、製造販売工程において様々な改善を行う必要がある。以下のような取り組みを実践していく中で、ブームに踊ることは決してプラスには働かないと考えている。

既存製品をより洗練されたスタイルに　色使いを、多様な使用環境に溶け込みやすい黒とニュートラルなグレーに絞ったモノトーンシリーズをメインとして専念。

製造プロセスをデジタル化　スケッチからデザイン、検証、設計と、CADに落として図面にするまでを3Dデジタルで行うことで、製作期間を大幅に短縮。かつて3カ月かかった試作品の製作が2週間ほどで可能になる。

応用　椅子やテーブルの折りたたみ機構を、関連商品への応用も視野に入れ開発。

構造重視　製品の開発は、常に「まず構造ありき」の方針を貫くこと。どの世界でも、見た目を優先し、外観から入る開発指向も珍しくないが、オンウェーはあくまでも「構造から入り、その必然として外観が定まる」という考えだ。

リラックスの道具として　「リラックス空間創り」をスローガンとして、製品開発は、そのための道具としてのファニチャー作りと位置付ける。一点の家具を置くことで、そこが癒しの空間になるような製品は、ストレスに満ちた現代人を癒し、社会貢献にもなるのではないだろうか。

「小さな巨人」を目指して、世界へ

ものづくりへの注力とともに、オンウェーは、より広い視野に立った計画も立てている。開発、販売面での構想もまた、近い将来の目標だ。

まず、折りたたみファニチャーの開発センターを立ち上げること。開発に特化したチームを結成し、大学との連携を図りながら新しいアイデアを生み出し、また形にする場を設けたい。販売においては、日本国内だけでなく、中国、韓国、台湾への販路拡大を図ることだ。スピードの加減はあっても着実に発展するアジア、またゆくゆくは世界に、オンウェーの製品、そしてリラックス空間を届けたい。大企業にはないオリジナリティーやクオリティーを持つブランド、「小さな巨人」と言えるような企業になりたいと願っている。

オンウェーの歩み
2

デザイン教育の現場で

社会貢献としての次世代育成

ものづくりとは別にオンウェーが重視し、力を注いでいるのが教育だ。若い人々を指導しポテンシャルを引き出すことで、彼らの新しい発想から新しい道具が生まれることが社会貢献になると確信している。最終章の締めくくりとして、筆者の次世代育成への思いとその実際を紹介しておこう。

「折りたたみ」は科学である

折りたたみのメカニズムは、それ自体が一つの科学であり、人類の財産である。人類は幾世代にも渡って折りたたみ機構を開発し、合理化し、また多様化してきた。椅子はもちろんバタフライテーブルにちゃぶ台、扇子や傘、人工衛星の太陽電池パネルに至るまで、折りたたみ機構を備えた様々な道具は、時代とともに進化し、私たちの生活に貢献してきた。そして、まだまだ未発見の方法や未開発の分野が残されているはずである。進化の道のりはこれからも続くのだ。

この科学を次の世代に伝え、さらに合理的で多様な「折りたたみ機構を持つ道具」を世に送り出し、人類の生活の豊かさに貢献することは、一つの責務だとオンウェーは考えている。筆者は中国の大学からの要請に応え、教鞭を執ってきたのだが、これもそうした使命感に動かされてのことだ。講座のテーマは、「これまでにない折りたたみ機構を持つファニチャーの製作」。目先の利益ではなく、百年後の人々にも使われるメカニズムの開発、そして先人たちが残した未解決の課題をクリアすることも目標としている。

想像力が未来を創る

AI時代の到来が謳われる昨今、近い将来には、ほとんどの仕事において人間が不要になるのではと、危惧を抱く人もいるだろう。確かに、過去の実績をスーパーコンピューターで集計し、共通点を見出し、それを活用するAIの能力は圧倒的だ。しかし、AIには人間の想像力を代替することができない。ここで言う想像力とは、「無」から「有」を生み出す力のことであり、創造力とも言える。

すべての人間は異なる生育環境を持つ以上、一人ひとりの頭脳が違った情報、パ

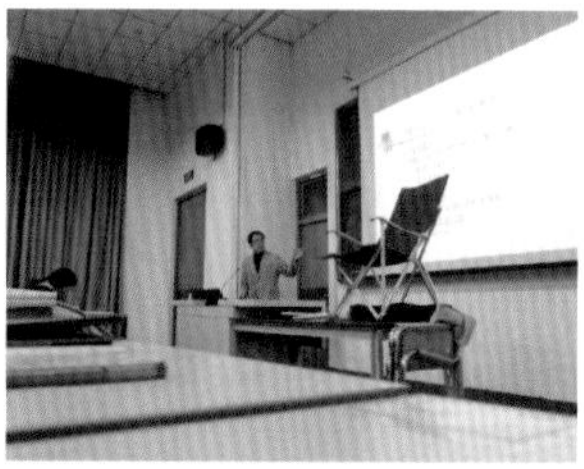

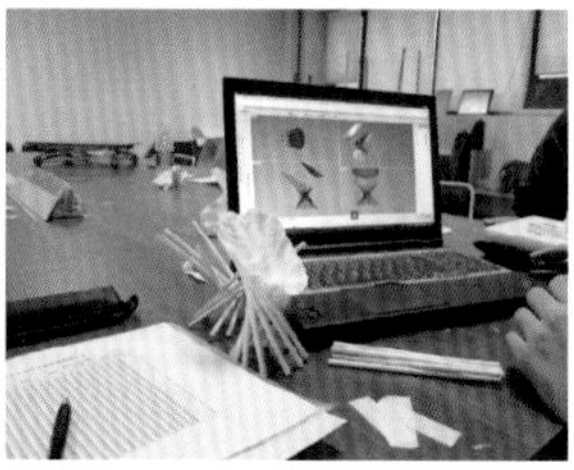

授業風景

北京の中央美術学院城市設計学院プロダクトデザイン学科での「折りたたみファニチャー」講座。日本の東京藝術大学にあたる美術大学なので学生は皆、優秀で熱心だ。

ワーを秘めている。その潜在能力が何かの「触媒」を得れば、無限とも言える多様なアイデアが生まれるのだ。

筆者が中国の国立中央美術学院城市設計学院で「折りたたみ椅子」の講座を設けて８年が経つ。毎年平均して20名の学生を対象にした３週間の講座だ。期間中、学生には、それぞれ自分が座る折りたたみ椅子の製作が課せられる。その結果、作品の優劣はあるものの、構造的に、または外観的に重複するものは、この８年間に一つとしてなかったのだ。単純計算すると160ものアイデアが考案されたことになる。来年の講座でもまた新たなアイデアに出会うことだろう。それはAIにできることではない。AIは「過去」を活用するもので、人間の頭脳は「未来」を創るものだと、筆者は実体験として確信している。

創作の触媒となる「島崎理論」

前述の、人間の潜在能力を引き出す「触媒」を具体的に示すなら、その筆頭としてここでは島崎理論を挙げておきたい。島崎理論とは、折りたたみ椅子の体系的な研究であり、武蔵野美術大学名誉教授として、また北欧デザイン研究の第一人者として知られる島崎信氏の偉大な業績の一つだ。人類史上作られてきた膨大な種類の折りたたみ椅子を、その構造によって４タイプに分類したことが最大の特徴である。つまり、すべての折りたたみ椅子は、「前後折りたたみ式」、「左右折りたたみ式」、「中央折りたたみ式」、そして上記三部類に属さない「その他の折りたたみ式」に類別されるというものだ。世界に存在する折りたたみ椅子を普遍的に解釈できるこの理論は、アイデアの土台となり、新たな折りたたみ椅子を考案する「触媒」になる。後世のデザイナーたちにとって、大きな力となり、また創作の指針にもなるだろう。

次代のクリエイターを育てるフォールディングファニチャー講座

前述のように、筆者は中国の芸術大学、中央美術学院より要請を受け、2011年より、折りたたみ家具の講座を開いている。中央美術学院は日本における東京藝術大学にあたる名門美術大学であり、厳しい競争をくぐり抜けたいわばエリートが集

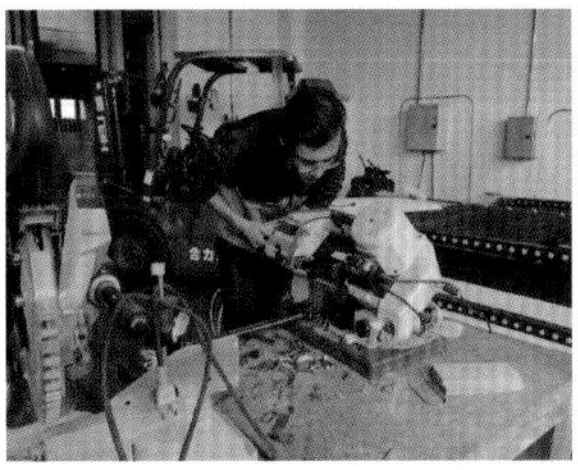

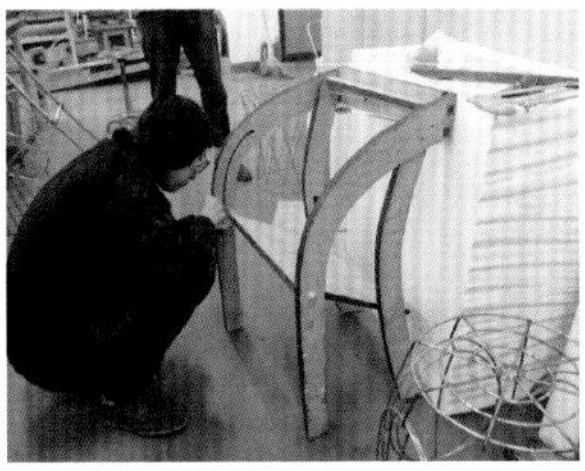

制作

自分で考えた折りたたみ椅子を自分の手で作る。材料の調達から部品の製作、組み立てまで、全て自分たちで行うのがプログラムの眼目だ。

まっている。「これまでにない折りたたみ椅子の製作」という課題をわずか３週間で完了するプログラムは、そんな優秀な学生たちにとっても容易なものではないが、全員が自分なりの結果を出し、みごとにコースを履修してきた。ここでは、そのプログラムの流れを紹介しておこう。デザイン教育に関わる人、また学生諸氏の参考になれば幸いである。

創作行為を指導する

❶アイデアを引き出す

学生は、ほとんど白紙状態から指導することでモノになる。むしろ既成概念にとらわれていないゼロからの発想を引き出すことが重要だと筆者は考えている。コースの前段の講義では、人類と道具の歴史、折りたたみのメカニズムを紹介し、過去から現在に至る世界の椅子の普遍的な特徴を抽出することで、学生の想像力を刺激し、触発する。

❷「奇想天外」を形にする試み

若者の発想はどこの国でも新鮮なもので、従来の概念に縛られないおかげで、時としてとんでもない奇想天外な案も出てくる。これを最初から除外してしまうのはもったいない。それが新しいアイデアにつながることもある。除外すれば、後々、後悔することになるかもしれないのだ。たとえ突飛なものであっても、まずは形にするべく試みる。

❸家具に落とし込む訓練

斬新なアイデアであっても、往往にして構造的に成り立たないものもある。学生には、形状、繋ぎ、接点、ヒンジ、動作の原理など、基礎知識を入念に教え、自分のアイデアを椅子という形態にどう落とし込むかを経験させる。

❹模型作り

プロダクトデザインは、アイデアという無形のものを、有形化する作業だが、模型作りはその第一歩だ。近年ではパソコンのソフトで相当な精度の検証が可能だが、それでも模型作りは欠かせないスキルであるという考えに立ち、講座では必ず立体

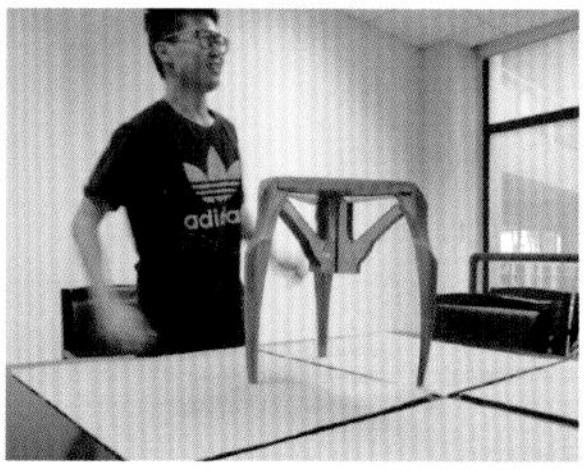

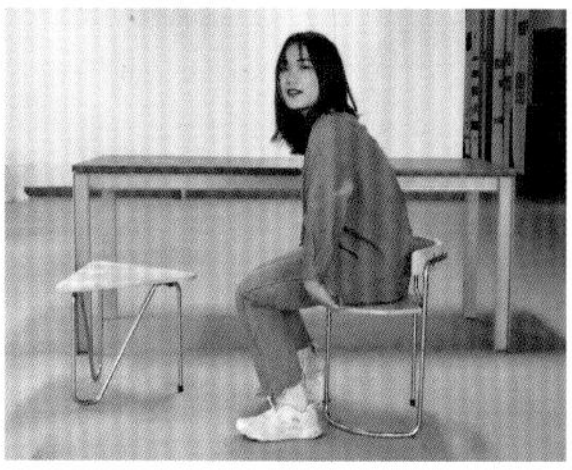

発表

完成した作品を、全員の前で発表。まっさらな状態からここまで、３週間で到達するのは、優秀な学生といえど試練だ。ここからオンウェーが手を入れて商品化に進む作品もある。

模型を作って検証する。

❺自分が座れる椅子を自分で作る

自らのアイデアを元に自分で設計した椅子を、自分の手で作る。もちろん自分が座れるものでなくてはいけない。これがこのコースの最終段階であり、学生にとっても最大の難関だろう。材料の入手、部品の製作、組み立てと、大変な作業である。素材は木製か鉄製か、もしくはプラスティックにするのか。パーツ同士の繋ぎはどうするか、どんなヒンジを使うか。最終的に組み立てが可能なのか、動作に問題はないか。学生にとっては大きな試練だが、完成時の達成感は格別だ。

以上のカリキュラムから、毎年、世界のどこにもなかった機構を持つ作品が複数誕生する。また、既存の家具をより効率的に、また美しい形状にリ・デザインする作品も数点現れる。講座開設から８年を経てもなお、若者の持つパワーは予測できないもので、驚かされることも多い。教える側にとっても新鮮な発見があるのだ。

作品を商品化する

折りたたみ椅子製作コースで生まれた学生の作品のいくつかは、「商品化」という新たな段階に進むこともある。新しいアイデアを社会に届けるという意義に加え、学生への奨励になるとする大学側の意向もあり、オンウェーが商品化の仕事を引き受けているのだ。

学生の作品はあくまでもコンセプトであり、そのまま商品として通用することはほとんどない。商品化するには、全体的にアレンジし直すことが前提となるが、それはオンウェーの総合的な能力が、各段階で問われるということでもある。

❶商品化可能性の見極め

コンセプトの商品化は、質的な変化でもある。「作品」から「商材」へと変わるのだ。市場に流通しているものとの違い、ターゲットの設定、販売ルートの設定、外観のリ・デザインなどを想定しつつ、商品として成立するかどうかの判断が問われる。

❷技術力

商品化可能と判断したものも、技術的に実現できない場合がある。商品である以

展示会

学生のアイデアをオンウェーがアレンジし直すことで商品化された折りたたみ家具の展示会。

column

表現を学ぶ──大学は職人の養成所ではない

筆者の講座を含め、美術大学の授業の多くは実技を伴うものだが、それは決して職人的技術を学ぶためのものではない。大学は職人を養成する場所ではないのだ。プロダクトデザインを教える大学は、社会が抱える課題をプロダクトで表現すること、または作者の世界観をプロダクトで表現すること、そしてそのための手段を学ぶ場なのである。

折りたたみ椅子の講座であれば、折りたたみのメカニズム、原理を習得すべくプログラムが組まれる。現実的には、学生たちは卒業後、プロダクトデザインや製造の現場で、様々な課題に直面し、解決しなければならない。折りたたみの知識が、解決のための大きな力になることもあるはずだ。一方、表現を学ぶことでデザインの質に違いが出るだろう。「椅子は小さな建築である」というのは、筆者の確信するところだが、一脚の椅子があるだけで、その場所は教室にも居室にも店舗にもなる。椅子は空間を作り、その意味づけをする、いわば建築物なのだ。椅子を作るということは、作者の世界観、視点、審美観でその空間を創るということである。卒業生はその空間を自分で作る力を持たなければならない。

上、ある程度の量産も前提となる。生産可能であればどこで作るか、不可能なら他の方法があるのか。技術力とともに経験や蓄積、柔軟性が試される。

❸試作とコストマネージメント

商品化の試作には、金型をどうするか、素材は何をどう調達するかなど、製造コストの計算が前提となる。製造数量の見込みと売れなかった場合のリスクも含めたマネージメントが必要だ。

❹マーケティング

商品である以上、誰に向けて、どこで、どんな流通ルートで売るのかなどのプランニングも必須である。

以上のように、学生作品の商品化は、企業にとっての試練であり、チャレンジでもあるのだ。この一連の教育プログラムは、次世代のクリエイターを育成し、助成するとともに、オンウェー自身にとってもさらなる進化、成熟の機会になると信じている。

以下、この章の製品目録では、これらのプログラムを経て商品化された学生の作品のいくつかを紹介していこう。

2012

学生作品からの製品化
Stool OW-3943
スツール

紀元前のX型チェアをサドル座面で刷新

アイデア

紀元前16世紀～12世紀の壁画にも見られるスツールは、人類にとって最も古く身近な道具の一つであり、歴史上、様々なスツールが作られてきた。特に近代デンマークのオーレ・ヴァンシャーによるエジプシャンスツール、コーア・クリントのプロペラスツールなど数々の名品は広く知られている。

そんなスツールには改造、改良する余地もないだろうと思うところだが、2011年、学生の一人が大胆な試みにチャレンジした。デンマークの先人たちがフレームの改造を主眼としたのと逆の発想で、座面に着目。座面を馬の鞍＝サドル風にするという発想だ。確かに「スツールは一時休むための座具」というのが従来の認識で、長時間、心地よく座れるものではない。

学生作品

筆者が作品作りを薦めた結果、学生自身の手で、世界初のサドル型スツールの雛形ができあがった。前方フレームは低く、後方は高く、座面が前傾する設計だ。さらに座面は前方が広くなっており、太腿をゆったりと受け止める形になっている。紐を編んで作った座面は、このままでは使用に耐えないが、実に斬新な感覚のスツールが誕生した。工場での試作、検証を経て、本生産への道が見えてきた。

商品化

本生産ではフレームの歪みを防ぐL形パーツを８カ所に使用。試作の補強プレートを廃し、よりスマートな外観になった。また後方の横バーは固定せず、座る人の臀部の形状や重量に合わせて最適な角度が得られ

アイデア

紀元前16～12世紀のミケーネ文明の遺跡、宮殿のフレスコ画に描かれたスツール。

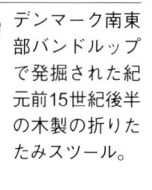

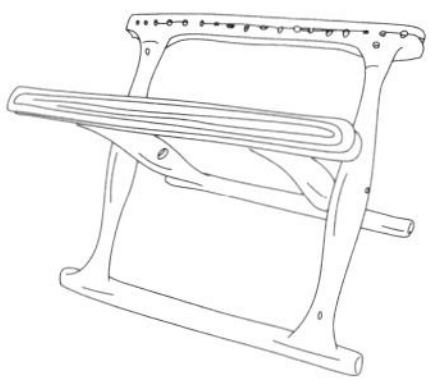

デンマーク南東部バンドルップで発掘された紀元前15世紀後半の木製の折りたたみスツール。

るようにした。

このスツールに初めて座る人は皆「おっ!?」と驚く。座ると腰、背中、お尻が無理のない位置に来て、自然と背筋が伸びるのだ。背もたれがないのに背筋をサポートするような効果が得られる。楽に座れ、収納時も小さくなるので集会などにうってつけだ。

学生作品

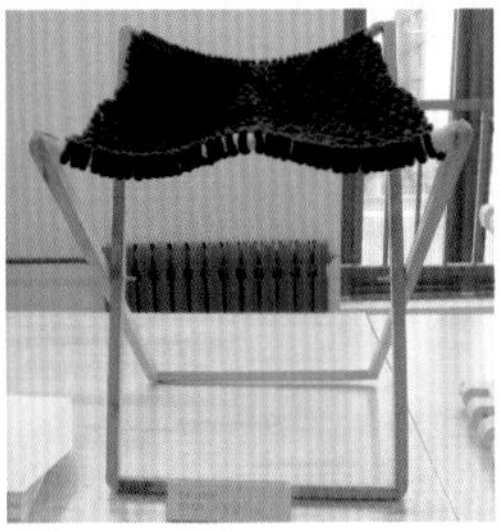

左：雛形は、大学の木工工房で学生自身が手作りする。

右：学生作品の座面は紐を編んだもののため、柔らかすぎて座れなかったが、発想そのものは画期的だ。

原寸での試作

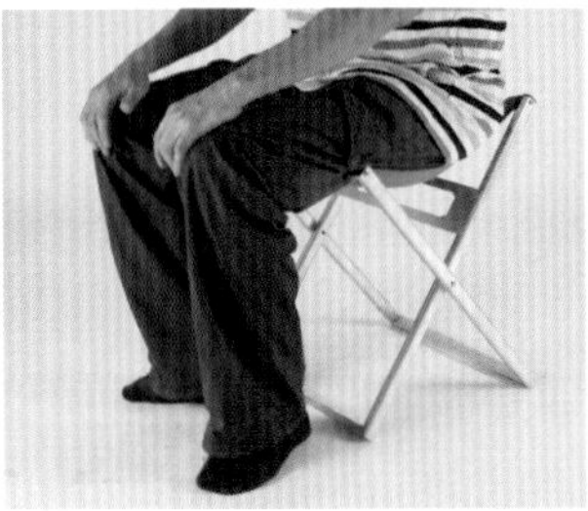

左：工場での試作。この段階では、後ろフレームに補強プレートを設置してある。

右：座り心地を検証し、製品化できる確信を得た。

商品化

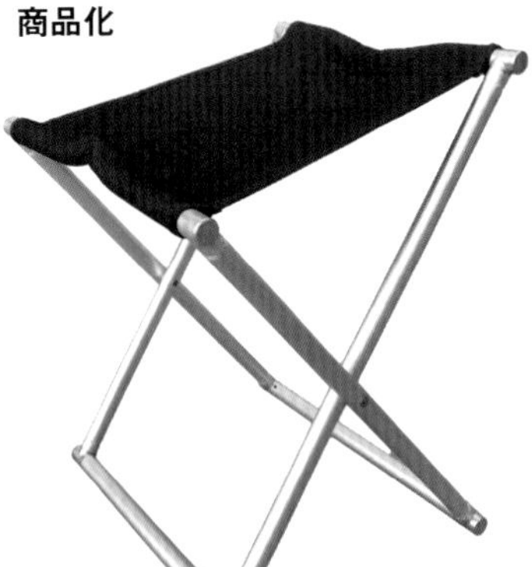

前後フレームの高さ、前後の横バーの形状などが異なる5パターンを作り、従業員20名により座った結果を投票。最も票数の多いパターンを基準にして商品化した。

軽量、コンパクトで座り心地が良いので、集会やフェスにもぴったりだ。

2017

学生作品からの製品化

Shell Chair OW-149

シェルチェア

「貝に座る」という発想

ある女子学生がフランスのデザイナーの作品「Estampille 52」という椅子を持ち出した。楕円をスパイラル風に重ねた貝のようなそのイメージで、折りたたみ椅子を作りたいと言う。スパイラル形状のチェアは世の中に多数存在するが、いずれも折りたためないものだ。円弧を繋ぎ、下部の弧を座面にし、後部からも「人」形にサポートすれば、椅子としては成り立つと指導した。

２週間後、課題作品としては立派な椅子ができたが、商品化するには大きすぎた。構造の簡略化、軽量化、耐荷重性など課題は何点もある。まず学生自身が円弧を３本に絞るなど手を加え、次にアルミパイプ採用の可能性を探るためオンウェーが模型を作り、徐々に形が見えてきた。

そして工場の在庫パイプを使い、原寸サンプル作りへ。快適性、安定性を踏まえ、各部の角度やサイズなどを入念に計算した。

最大の難関は、背もたれの円弧を繋ぐ紐だった。縛り方が難しく、一本の紐を切らずに最後まで編み抜く方法を見つけるために、相当な時間をかけた。徹夜で試行錯誤を重ね、ようやく理想的な繋ぎ方を発見。課題は残るが、これまでにない形の折りたたみ椅子が誕生した。

アイデア

楕円の連続が美しい「Estampille 52（オクターブ・ザ・スパイラルチェア）」。

学生作品

シェルのイメージが活きているが、商品化できるサイズではない。

学生の改良模型

円を３個に簡略化し、座面をフラットに、後方サポートも作り、イメージ通りの模型ができた。

原寸での試作

原寸のサンプルにはオンウェーの工場に２本だけ残っていた2.0ミリ厚のパイプを使った。

商品化

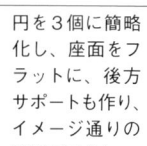

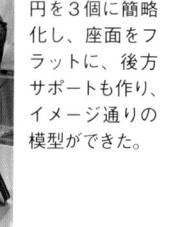

シェルのイメージを活かした折りたたみ椅子が完成。

学生作品からの製品化

Girasole Chair OW-7560

ジラソーレチェア

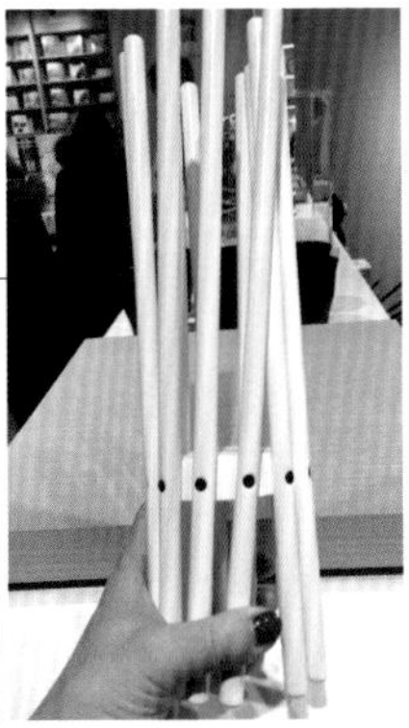

アイデア

ニューヨーク近代美術館（MoMA）のショップで販売されているオブジェ。筆者の受講生がこの構造を椅子にしようと考えた。

学生作品

漏斗状のフレームに逆円錐形の座部を入れて、自由に動くポールを固定するアイデアだ。

原寸での試作

脚部の後ろが長く「貴婦人のスカート」のようなフォルム。実は座面の固定を思案中に、座面と椅子の中心とは同芯ではないことが発覚した。

再度の模型製作

美しい形状を求めて再度、模型に戻り、納得のゆくまで最適な紐穴の位置を探た結果、ついに理想な形に到達した。

世界中で試されてきた構造を椅子に

アイデア

自在に形を変える一束のポール。この構造は長年世界のデザイナーたちのテーマであり、ニューヨーク近代美術館の売店にも卓上小物として売られている。形は美しいが、用途はおそらく作者にもわからないだろう。つまり、この形をどう使うかは思いつかないのだ。

受講生の一人が、世界のデザイナーたちと同じこのテーマを考えていた。椅子にしようというのだが、実際、非常に難しい課題だ。複数のポールを求める形にどうやって揃えるか。座面をどう固定し、水平にするか、そこに人間はどう座るのか。前例のない挑戦である。

学生作品

まずは紐で複数のポールを均等に固定し、開いた状態で安定させる。

商品化

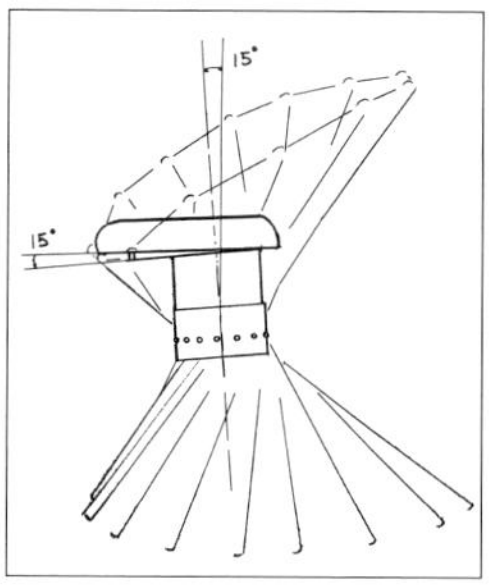

名匠の提案により座面とフレームの中心を円筒形に。座面側円筒を下部に差し込むことで、座面の上下移動もできる。さらに椅子全体の前傾に対して、座面底部に角度をつけることで水平に座れる椅子になった。

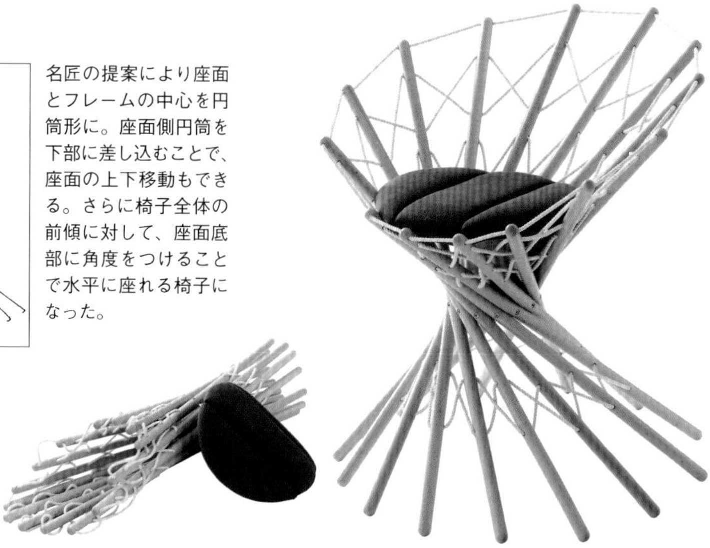

ジラソーレは、イタリア語で「ひまわり」の意味。世界中のデザイナーが成し得なかった一歩を進めた椅子と言えるだろう。

それを人間が座れるよう前方に向かって徐々に短くし、脚に当たらないよう、前方四本はほぼ水平状に切る。座面は逆円錐状。中心部に置くことでポールを一定の角度に固定し、同時に水平を確保する狙いもある。

完成した学生作品は、今までにない形の椅子になった。過去のデザイナーたちより一歩前進したと言える、評価すべき一脚だ。ただ、この時点ではあくまで問題提起であって、まだ座れない椅子だったのだ。

模型から商品化へ

商品化への課題は山積みだ。まず、紐のテンションを均一にすること。1カ所に荷重が集中するとそこから壊れる可能性があるのだ。紐の通し方や位置、テンションに細心の注意を払ってポールを固定し、フレームを構築する。さらに、スツールではなく椅子らしい形にすること。上部フレームを前傾させて座面を形成し、下部フレームは「貴婦人のスカート」のように後方を長くする。

模型での試作を重ねた上で、原寸の商用模型に移った。最大の難関は座面の形と固定方法だ。座面を水平にするために様々な方法を試したが、失敗。名匠の知恵に頼ることを決断した。国内外のデザイナーの椅子製作に携わり「椅子の神様」と呼ばれている宮本茂紀氏に試作を依頼したのだ。氏の考案により、座面底部とフレーム中心部を円筒状にして、座面側円筒をフレーム側に差し込む形で固定。さらに傾斜角度を付けることで、座面を水平に安定させることができたのだ。

こうして学生、デザイナー、名匠の手を経ることで、誰も作れなかった美しい折りたたみ椅子、イタリア語の「ひまわり」にちなんだ名を持つジラソーレが完成した。

学生作品からの製品化

Side Table OW-4040

サイドテーブル

失敗作から生まれた革新的デザイン

2011年の折りたたみ講座で、上下折りたたみ式の椅子に挑戦する学生がいた。上下開閉式は構造上最も耐荷重が弱く、座具としては失敗だ。しかし折りたたみ機構の良い勉強になる上、何より、この学生の提出作品の造形が美しかった。中国の杭州六和塔や東京の浅草寺の五重塔のようなその複層構造を、サイドテーブルとして活かせないかと考えた。

学生作品は木製で、電車のパンタグラフのようにX形を３段重ねた脚部を持つ。収納時はこのXが平たくつぶれ、使用時は脚の間に渡したリボンがストッパーとなる仕組みだ。

まずこれをアルミパイプ素材に変え、X形を２段に。リボンに替えて、天板裏と上段X形の交点を繋ぐ縦バーで脚部を固定。おのずと下のX形も動きが抑制され、10kg程度の耐荷重が得られた。さらに幕板にスリットを開け、そこに脚上端の特殊ワッシャーを滑らせることで、スムーズな開閉を実現。最後に竹集成材のボール形の足で外観にアクセントを加え、翌年、美しい塔のイメージを活かした上下開閉テーブルが完成した。

アイデア

中国の杭州六和塔（左）や浅草寺の五重塔（右）を思わせる重層的な造形をテーブル脚部として活かそうと考えた。

学生作品

学生が考案したスツール。塔のような形は美しいが、構造的に人間の重さには耐えられないため、座具としては成り立たない。

原寸での試作

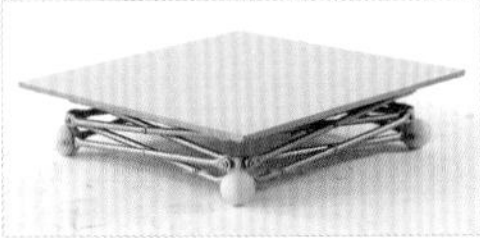

アルミパイプの脚部で試作品を作成。

商品化

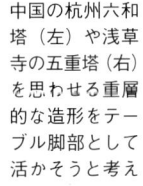

天板と足先のボールは竹集成材。特にボールは極めて加工が難しく、発注先の工場が新たに機械を入れて製作してくれた。

学生作品からの製品化

Side Table OW-44

サイドテーブル

学生作品

スツールとして提出された作品は８本の脚で支える構造だった。

商品化模型

サイドテーブルとして模型を製作。４本脚にして外観も美しくシンプルに。

商品化

関節部分のつまみを引くだけでロック解除。平たくたたむことができる。

シンプルな美しさを支える画期的ロック機構

奇しくも同じ2011年、やはり上下折りたたみ式のスツールを提出した学生がいた。こちらは膝を折るように脚部が曲がる仕組みだが、人間の体重を支えるには多数の脚が必要となり、その分、開閉時の動作が煩雑になる。さらに椅子として使うには70cm程度の高さが必要なため、座面を厚くして高さを稼がなければならなかった。そこで、左ページの作品と同様、このアイデアをサイドテーブルに転化することにした。

模型を作成するにあたり、まず脚を８本から４本に変更。最大の課題である脚の開閉機構は、当初、球形ビーズでロックする仕組みだったが、脚１本ごとにロック解除しなければならず、収納に手間がかかる。そこで独自にスプリングを使ったロック機構を開発するに至ったのだ。

脚の内側に内蔵したバネとこれに連動するクリップによって、関節を伸びた状態で固定する。従来にないオリジナルのロック機構だ。このロックを使えば上下に動く様々なデザインが可能にもなる。アウトドア用品に留まらず、より広く応用できるこの発明によって、社会に貢献できたのではと、ささやかな自負を感じている作品だ。

学生作品からの製品化

Planeta Table OW-88

プラネタテーブル

学生作品

短期間で折り紙風の椅子を見事に完成した。

模型

３案の内、最も気に入ったもの。

商品化

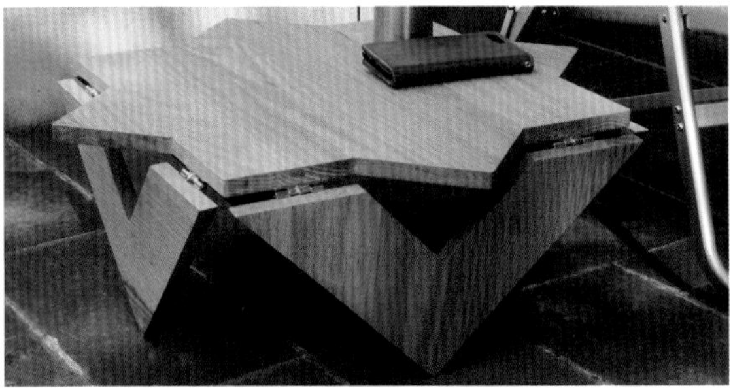

模型の案とは異なるが、まずはこの形で商品化を実現した。

商品化（収納）

特殊ヒンジの働きで板状に収納することもできる。

一枚の板から現れる星型テーブル

正方形の四隅を折って脚にする、折り紙風デザインのテーブルは、多くのデザイナーが手がけている。その形を椅子にしたいと学生が提案してきた。方法は様々考えられるが、裏もシンプルに作るのは難しい。だが学生の意欲を尊重して、よくある扉のロック機構を使うことにした。

２週間という短い製作期間で奮闘の結果、見事な椅子が完成した。商品化を検討したが、椅子となると座面裏に頑丈な機構が必要で、裏の作りが複雑に、椅子自体が重くなってしまう。そこで再びサイドテーブルとして活かすことになった。

３種類作った模型のうち、最も気に入った星形の案で原寸サンプルに進む。実に美しい形だが、やはり裏の仕組みが悩ましい。内側に折り込んでも、平らな板にしても収納できれば理想なのだが…。行き詰まっていた時、木工工房から朗報が届いた。180度、90度、０度と３つの角度に固定できる特殊ヒンジがあるというのだ。このヒンジによって、２通りの収納ができる、理想通りのプラネット形テーブルが実現した。

学生作品からの製品化

Fire Rack Table OW-3435

焚火ラックテーブル

安定感抜群のトライアングル構造

ある学生が折り紙を使い、三角形だけできた椅子を考案した。開くと一繋がりになる複数の平面が、組み合わせで小三角形２つと大三角形になる、いわゆる「自由形折りたたみ椅子」である。三角形３つの構成は安定感も抜群。じつに素晴らしい発想だ。作品化した椅子もなかなか面白い。このユニークな発想を、何か商品にしようと決めた。

まずは東京事務所でスツールとしての可能性を探るべく、ベニヤ板で模型を作成。検証してみると、折りたたみ状態ではサイズが長すぎ、かつ重いため、携帯に向かない。解決策として収納問題は、大三角形部分と小三角形２つを別の繋がりに分けること、重さ問題には素材の変更を考えた。とにかく何か形にしたい気持ちがあった。そして浮かんだのが、キャンプ用の焚火道具という考えだった。早速、学生に金網版のイメージを作ってもらった。そして東京のホームセンターで金網を入手し、試作。斬新な焚火ラック兼多用途テーブルとして、商品化に成功した。

学生作品

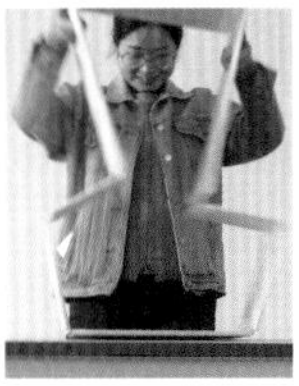

模型

左：一繋がりの板で三角形の椅子を作る独創的なアイデアだ。

右：一続きのベニヤ板で作成したスツール。

商品化イメージ

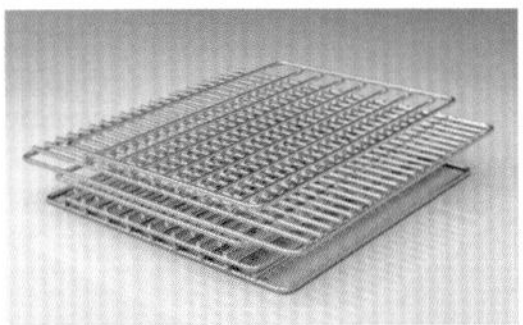

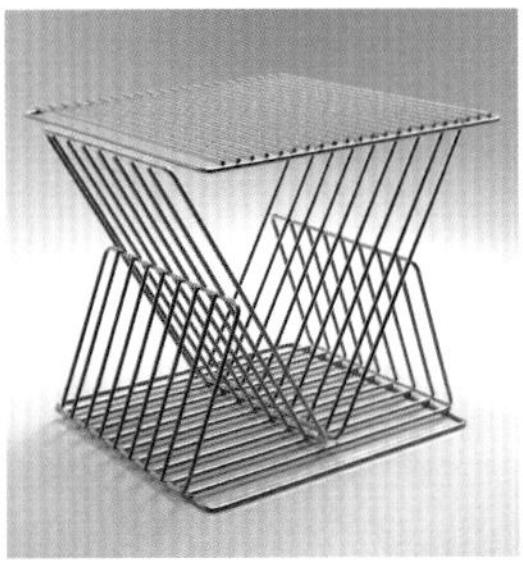

学生による金網バージョンのCGイメージ。

商品化

美しく機能的な焚火用品として現在も販売中。

2016

学生作品からの製品化

Seika Takibidai OW-3833

聖火焚火台

アイデア

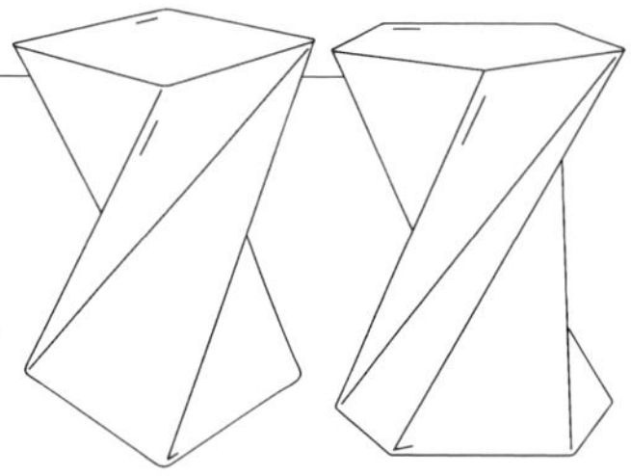

右は五角形、左は四角のネットでよく見るスツール。

学生作品

上左・2011年には金網シートの端が合わず、断念。上右：5年後、彼が徹夜で解決法を見つけ、作品を成功させた。

左：木製の座部を載せ、金属板のスツールが完成。

商品化

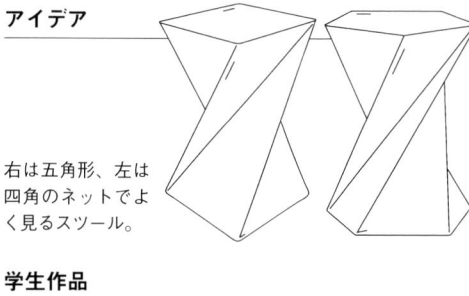

折りたためてオブジェのように美しい焚火台として商品化した。

合理的かつオブジェのような造形美

角柱をひねったこの美しい形、実はネット上には多数存在する。筆者の講座でも2011年、最初の学生がこの形状の折りたたみ椅子に挑んだ。しかし折り紙で試作を重ね、いざ金網シートで作品を制作してみると、どうしても折り始めと終わりが合わない。結局、その時は別の形状に変更することになった。

その５年後、また別の学生が六角折りのスツールに挑戦したが、やはり最初の学生と同じ問題に突き当たる。６枚の板を繋ぐ際、中間部が使う厚みにより互いに噛み合わせ、段差が生じ、高低差となっていたのだ。そのため繋げた時に最後の１枚目と６枚目が噛み合わないのも当然だ。しかしこの学生は諦めなかった。徹夜で解決方法を探り、板を繋ぐヒンジに高低差を設けることで、段差を解消する方法を発見。入念な計算によって段差を調整し、美しいスツールの脚が完成した。

小さな発見だが座具だけでなく様々な構造物にも展開できる。その実証として誕生したのが、聖火台のようなステンレスの焚火台だ。

掲載オンウェー製品リスト（掲載順）

チェア／スツール／ベッド

テーブル／ワゴン

その他

Afterword

おわりに

折りたたみは人類永遠の課題である。

折りたたみ機構は、太古の昔から人類にとって欠かせない存在だと言っても過言ではない。われわれの生活の中に常に存在する。過去もそうだし、現在も、また将来も同様だと確信する。世界中で使われてきた折りたたみ家具はもちろん、扇子や傘の折りたたみ機構は、惑星探査機にも使われている。折りたたむという行為は、物を所有し、持ち運びたいと願う人類にとって、永遠の課題である。

一方で、ものづくりの立場から見ると、折りたたみ機構というのは狭い領域の分野であり、ハードルが高いものでもある。使用時に大きく、収納時に小さくという相反するテーマを同時にはらむもので、かなりの難関なのだ。

オンウェーは敢えてこの難関に挑戦をし続けて25年。次々と新しいものを世に出している。それはオンウェーの執念である。「なにもこの限られた分野にこだわらなくてもいいじゃないか」と言われることも多い。それも分からないわけではない。しかし、この狭い分野には、人間の想像力がまだまだ到達していない未知の領域があると確信しているのだ。この狭い世界でどこにも負けない真のプロになろうと、オンウェーは考えている。

椅子は人と人とのつながりをつなげるものである。

2011年のことだった。先述の大学の講座で、受講生の中のある女子学生が、教材用の折りたたみ椅子OW-72がほしいと言い出した。事情を尋ねたところ、弟さんが医療事故で歩けない状態となり、家族で外出する際、彼が座れる椅子が無くて困っているという。早速授業の後で「弟さんの外出用に」と、OW-72を差し上げた。

その学生は受け取った椅子を水彩画に描いて記念として筆者にくれた。「先生、ありがとう」と。今も事務所に飾っているその水彩画を見るたびに、その学生のことを思い出す。今、どうしているだろう。弟さんはあの椅子を喜んで使ってくれているだろうかと。

折りたたみ椅子は、生活道具の一つであることに間違いはない。だが、その道具を通じて人と人とのつながり、交流が生まれ、幸せにつながるものだと思っている。

椅子は座るだけの道具ではない。

そこに置いてあるだけで美しく輝き、生気をもたらし、見る人の想像を羽ばたかせる、そんな存在感のある芸術作品でもあり得る。

椅子は空間の科学でもある。

われわれは常に何らかの空間の中に生きている。いわゆる外的世界は人間の意志と関係なく存在する。しかし、人間がファニチャーを一つ置くことで、その空間に感情を与え、生命を与えることができる。環境との対話すらできると考えている。例えば、部屋にファニチャーを置くと、そこは「家」という空間となり、その人の世界ができる。あるいは自然の中にファニチャーを置くことで、自然を満喫し、心を癒し、その瞬間、その世界との一体感を味わい、五感を通じて自然と対話することができる。

ファニチャーは建築空間と自然空間をつなぐツールであり、人間と自然との架け橋にもなるツールである。オンウェーの使命は、そのツールを生み出すことだと信じている。

創作は往々にして外部の要因が原動力となり、ある種のプレッシャーがあって初めて完成するものです。

オンウェーの歩んで来た道には、クライアントのおかげで成し遂げたものが多く、クライアントからの要望に応えるためにあらゆる力を駆使して課題の実現に取り組んできました。

この紙面を借りまして、長年、新商品創作という課題を与えてくださり、お引き立てくださったコールマンジャパン社に心から感謝いたします。そして、長年、お世話になっており、常に製品の品質を向上させるものづくりの姿勢を教えてくださり、意識を高めてくださったスノーピーク社に心から感謝いたします。

また、様々な困難を乗り越え、共に課題の実現に向けて忘我に努力してくれた工場の技術者のみなさん、現場でさまざまな現実問題をクリアして生産に取り組んでくれた工場の従業員のみなさんに深く感謝いたします。

加えて、若いデザイナーの育成のための機会を与えてくれた中国中央美術院城市設計学院副院長 田海鵬先生、主任 高楊先生、講師 萨日娜先生に深く感謝いたします。

最後にこの本の企画段階から相談に乗っていただき、貴重なご意見をいただいた島崎信先生に深く感謝申し上げます。

2020年2月

泉 里志

泉 里志

Satoshi Izumi

オンウェー株式会社代表取締役。中国中央美術学院城市設計学院プロダクトデザイン学科客員教授。
東京都立大学経済政策専攻修士課程修了。商社勤務の後、1995年にオンウェー株式会社設立。プロジェクト企画や国際投資コンサルタントなど幅広く事業を展開するかたわら、アルミ素材を使った折りたたみ椅子やテーブルを主軸に、独創的な折りたたみ機構と外観デザインの家具を発表し続けている。作品はグッドデザイン賞受賞多数。著書『折りたたみ家具グッドデザインのつくり方』誠文堂新光社刊、2015年。
https://www.onway.jp

写真提供
泉 里志

イラスト
荘 凱新　余 継譯

編集
山喜多佐知子（ミロプレス）

装丁・デザイン
大木美和（em-en design）

オンウェー25年の軌跡から概観する
日本のアウトドアファニチャー

創造と進化

2020年3月17日　発　行　　NDC502

著　者　泉 里志
発行者　小川雄一
発行所　株式会社 誠文堂新光社
〒113-0033 東京都文京区本郷3-3-11
（編集）電話 03-5800-5779
（販売）電話 03-5800-5780
https://www.seibundo-shinkosha.net/

印刷・製本　図書印刷 株式会社

ISBN978-4-416-91995-8